Springer-Verlag Berlin Heidelberg GmbH

Hans und Erika Kothe

Pilzgeschichten

Wissenswertes aus der Mykologie

Springer

Mit 19 Abbildungen und 18 Farbtafeln

ISBN 978-3-540-61107-3   ISBN 978-3-662-09361-0 (eBook)
DOI 10.1007/978-3-662-09361-0

Dieses Werk ist urheberrechtlich geschützt. Die dadurch begründeten Rechte, insbesondere die der Übersetzung, des Nachdrucks, des Vortrags, der Entnahme von Abbildungen und Tabellen, der Funksendung, der Mikroverfilmung oder der Vervielfältigung auf anderen Wegen und der Speicherung in Datenverarbeitungsanlagen, bleiben, auch bei nur auszugsweiser Verwertung, vorbehalten. Eine Vervielfältigung dieses Werkes oder von Teilen dieses Werkes ist auch im Einzelfall nur in den Grenzen der gesetzlichen Bestimmungen des Urheberrechtsgesetzes der Bundesrepublik Deutschland vom 9. September 1965 in der jeweils geltenden Fassung zulässig. Sie ist grundsätzlich vergütungspflichtig. Zuwiderhandlungen unterliegen den Strafbestimmungen des Urheberrechtsgesetzes.

© Springer-Verlag Berlin Heidelberg 1996
Ursprünglich erschienen bei Springer-Verlag Berlin Heidelberg New York 1996.
Redaktion: Ilse Wittig, Heidelberg
Umschlaggestaltung: Bayerl & Ost, Frankfurt
unter Verwendung einer Illustration von LTF Michler,
Helga Lade Fotoagentur, Frankfurt
Innengestaltung: Andreas Gösling, Bärbel Wehner, Heidelberg
Herstellung: Andreas Gösling, Heidelberg
Satz: Schneider Druck GmbH, Rothenburg ob der Tauber

67/3134 - 5 4 3 2 1 0 – Gedruckt auf säurefreiem Papier

Für meinen Vater, dem ich den ersten Kontakt zu diesen ungewöhnlichen Organismen verdanke, und für meine Mutter, die durch eine schmackhafte Zubereitung beweisen konnte, daß Liebe tatsächlich durch den Magen gehen kann.
Hans Kothe

Für meine Eltern
Erika Kothe

Inhaltsverzeichnis

1 Einleitung 1
Das Geheimnis wird gelüftet 3
Systematische Stellung der Pilze 8

2 Der grüne Mörder 19
Pilzgifte in der Antike 19
Die Wirkung des Grünen Knollenblätterpilzes 21
Vergiftungsfälle 25
Gibt es Gegenmittel? 29
Weitere Pilze mit Amanitin 32

3 Saft-, Täub-, Schleier- und andere Fieslinge 34
Der Pantherpilz 34
Muscarin in Rißpilzen und Trichterlingen ... 36
Die Orellanine der Haarschleierlinge 37
Magen-Darm-Gifte 38
Aldehydvergiftung durch Tintlinge 39
Giftanreicherung durch Pilze 41
Gefährliche Gutgläubigkeit 43

4 Ein weiterer Fluch der Pharaonen 46
Massenvergiftungen durch Mykotoxine 49
Der Fluch der Pharaonen 51
Pilzasthma 53
Phototoxine verursachen Hautkrebs 55

5 Das Fleisch Gottes – Schamanen- und Kultpilze ... 56
6 Der Narrenschwamm ... 67
Der Fliegenpilz in verschiedenen Kulturkreisen 68
Medizinische Verwendung und Wirkung ... 74
7 Das Heilige Feuer ... 80
Der Mutterkornpilz ... 80
Hofmanns Droge: LSD ... 84
Der Aufstieg zur Massendroge ... 91
8 Irish Connection ... 115
Kartoffelfäule ... 115
Brandpilze ... 120
Rostpilze ... 123
Weitere pflanzenpathogene Pilze ... 131
Pilzparasiten des Menschen ... 137
9 Zufälligkeiten ... 137
Die Entdeckung des Penizillins ... 137
Wie wirkt das Penizillin? ... 145
Antibiotikaresistente Bakterien ... 147
10 Die kulinarische Bereicherung ... 152
Wo Bacchus das Feuer schürt ... 152
Der Deutschen liebstes Getränk ... 160
Pilze verfeinern Nahrungsmittel ... 163
Speise- und Kulturpilze ... 168
Pilze in der biologischen Schädlingsbekämpfung 171
11 Wahlverwandtschaften ... 176
Die Rolle der Pilze für den Stoffkreislauf ... 176
Unerwünschter Abbau ... 179
Lebensgemeinschaften mit Pflanzen ... 184
Flechten ... 189
Schlußworte ... 197
Literatur und Abbildungsnachweis ... 200
Sachverzeichnis ... 203

Die Pilze nehmen in besonderer Weise am Werden und Vergehen teil. Sie sind der Erde näher als die grünen Pflanzen, ganz ähnlich wie die Schlange ihr näher als die anderen Tiere ist. Hier wie dort ist der Körper in geringem Maße gesondert; der Fuß dominiert. Dafür ist auch der Reichtum an heilenden und tödlichen Kräften stärker – und an Geheimnissen.
Ernst Jünger

1 Einleitung

Alle Schwämme seyndt weder Kräuter (usw.), sondern eytel oberflüssige Feuchtigkeit der Erden, Bäume, der faulenden Hölzer und anderer faulender Dingen, darumb sie auch nur eine kleine Zeit währen, innerhalb silben Tag ist ir Geburt und Abgang, denn was da bald aufkompt nimpt auch bald ab.
Andrea Mattioli
(italienischer Arzt, 1500–1577)

Pilzen haftet schon seit Urzeiten etwas Geheimnisvolles an, und vielen Menschen sind diese merkwürdig anmutenden Organismen auch in der heutigen Zeit immer noch nicht ganz geheuer (Farbabb. 1)[1]. Gründe dafür gibt es viele: Pilze sehen häufig schleimig und ein wenig ekelerregend aus, wachsen manchmal in geheimnisvollen Kreisen, den sogenannten Hexenringen, verändern bei Berührung die Farbe, verbreiten einen fürchterlichen Gestank oder enthalten sogar Drogen und tödliche Gifte. Aber auch das sprichwörtlich schnelle Wachstum, also der Umstand, daß Pilze über Nacht aus dem Boden schießen, obwohl tags zuvor noch keinerlei Anzeichen von ihnen zu erkennen war, macht diese mysteriösen Organismen nicht unbedingt vertrauenswürdiger.

Es ist daher auch kaum verwunderlich, daß sich die Menschen der Antike eine natürliche Entstehung der Pilze nicht vorstellen konnten, sondern glaubten, sie wür-

---

[1] Alle Farbabbildungen finden sich im Bildteil in der Buchmitte

den sich durch eine sogenannte Urzeugung (Generatio spontanea) stets neu aus Schlamm und faulendem feuchten Erdreich entwickeln. Möglich machen sollte das nach Ansicht der Gelehrten eine geheimnisvolle Kraft, »Lebenswärme« genannt, die angeblich in der Feuchtigkeit des Bodens enthalten war, und die, je nach Ausgangssubstanz, mehr oder weniger vollkommene Lebewesen entstehen ließ.

Diese heute etwas seltsam anmutende Vorstellung versetzte vor 2000 Jahren niemanden in Erstaunen, denn neben den Pilzen gab es auch zahlreiche andere Organismen, etwa Flöhe, Läuse, Mücken, Muscheln, Krebse, Würmer und sogar Aale oder Mäuse, von denen man annahm, sie würden sich praktisch aus dem Nichts entwickeln.

Bei den Pilzen gingen die Gelehrten noch einen Schritt weiter. So machte man bis ins 19. Jahrhundert zusätzlich Hexen, den Teufel oder Blitz und Donner für ihr Auftauchen verantwortlich – ein Umstand, der auch in vielen der volkstümlichen Namen, wie z. B. »Satans- oder Hexenpilz«, zum Ausdruck kommt. Andere Vermutungen gingen dahin, »urinöse Salze« könnten eine Schlüsselrolle bei der Pilzentstehung spielen, da sie angeblich bevorzugt an Stellen wuchsen, an denen Hirsche und Wildschweine ihren Urin hinterlassen hatten. Und ein Herr namens J. S. T. Frenzel (1740–1807) äußerte noch 1804 die interessante Theorie, es seien Sternschnuppen, die für das Auftauchen von Pilzen verantwortlich zeichneten.

Viele Experten hielten Pilze auch für Ausscheidungen des Bodens oder der Bäume, an denen sie wuchsen. Diese Theorie hielt sich ebenfalls sehr lange, so daß beispielsweise Friedrich Casimir Medicus (1736–1808), seinerzeit Direktor des Botanischen Gartens in Mannheim, noch Ende des 18. Jahrhunderts vermutete, Baumpilze seien Ausdünstungen des Holzes, die außerhalb des Baumes kristallisierten:

> Könnte man nicht mutmaßen, daß die Baumpilze einen Ursprung haben wie die Kristallisation? Sie entstehen zum größten Teil nur auf Holz, das zu faulen anfängt. Könnten sie nicht Ausströmungen oder Ausdünstungen sein, die von diesem Holz ausgehen und in der Weise kristallisieren? Bei Baumpilzen kann man nichts entdecken, was wir bei anderen Pflanzen finden: man sieht dort weder Gefäße noch Flüssigkeit oder Fortpflanzungsorgane. Sie sind auf dem Holze festgewachsen, aber ohne Wurzeln.

Das Geheimnis wird gelüftet

Erst als der französische Chemiker Louis Pasteur (1822–1895) nachweisen konnte, daß sich selbst winzige Einzeller aus »Keimen« entwickeln, die – für das menschliche Auge unsichtbar – zumeist durch die Luft übertragen werden, ließen sich nach und nach auch die letzten Anhänger der Urzeugungshypothese davon überzeugen, daß Leben nicht Tag für Tag neu entsteht – nicht einmal, wenn es sich um Pilze handelt.

Dabei hatte es bereits vorher Naturforscher gegeben, die dem Geheimnis der Fortpflanzung von Pilzen auf die Spur gekommen waren. Dem außerordentlich vielseitigen italienischen Physiker und Dramatiker Giovanni Battista della Porta (1535–1615) kommt vermutlich das Verdienst zu, die Pilzsporen als erster beschrieben zu haben. Als Sporen bezeichnet man die zumeist einzelligen Verbreitungs- und Vermehrungseinheiten der Pilze, die eine vergleichbare Aufgabe haben wie die Samen bei

Pflanzen. Pilzsporen sind in der Regel kaum größer als 25 Mikrometer[2] und aus diesem Grunde eigentlich nur unter dem Mikroskop – das zu della Portas Lebzeiten noch nicht erfunden war – deutlich zu erkennen. Daher stellt die Interpretation des italienischen Physikers eine durchaus bemerkenswerte Leistung dar, die allerdings nur wenig Anerkennung fand. Als dann seinem Landsmann Pietri Antonio Micheli (1679–1737) etwa 150 Jahre später Kulturversuche gelangen, mit denen er zeigen konnte, daß sich unter bestimmten Bedingungen aus den Sporen einer Pilzart genau wieder der Pilz entwickelt, von dem diese Sporen stammen, hätte dieser Gelehrtenstreit eigentlich zu den Akten gelegt werden müssen.

Das geschah allerdings nicht. Vielmehr wurden immer neue Argumente ins Feld geführt, die beweisen sollten, daß Pilze sich nicht so ohne weiteres mit anderen Lebewesen vergleichen ließen. Eine Begründung war beispielsweise, Gott habe es absichtlich so eingerichtet, daß Pilze sich nicht mit »Samen« fortpflanzen, da sonst (durch pilzliche Pflanzenschädlinge) alle Feldfrüchte vernichtet würden. Daher dauerte es dann auch noch ein weiteres Jahrhundert, bis sich schließlich die Auffassung durchgesetzt hatte, daß Pilze im Grunde ganz normale Lebewesen sind, die sich, zumindest soweit es ihre Fortpflanzung betrifft, nicht grundsätzlich von anderen Organismen unterschieden.

Dafür entbrannte jetzt eine Diskussion darüber, um was für ein Art von Organismen es sich bei den Pilzen eigentlich handelte. Da sie sich im Gegensatz zu den Tieren nicht aktiv fortbewegen können, hatte man sie zunächst zu den Pflanzen gerechnet, denen allerdings so wichtige Organe wie Wurzeln, Stengel, Blätter, Samen oder Früchte fehlten. Aber dann machte Baron Otto von Münch-

---

[2] 1 Mikrometer entspricht 1/1000 mm.

hausen (1716–1774) eine merkwürdige Entdeckung, als er Sporen eines Hutpilzes in Wasser brachte, um sie anschließend mit einer Lupe zu beobachten: Nach seiner Schilderung schwollen die Sporen in dem feuchten Milieu an und verwandelten sich dann in bewegliche Tierchen. Später entstanden aus den Tierchen dann wieder Pilze.

Aus diesen Beobachtungen schloß Münchhausen, daß Pilze Zwitterwesen seien, die zu bestimmten Zeiten ihres Daseins Pflanzen, zu anderen Tiere seien.

Diese gewagte Interpretation, die nicht einmal in einer der angesehenen Fachzeitschriften veröffentlicht worden war, wäre sicher unbeachtet geblieben, wenn Münchhausen nicht in brieflichem Kontakt mit dem schwedischen Arzt und Botaniker Carl von Linné (1707–1778) gestanden hätte, einem der berühmtesten Naturforscher seiner Zeit. Linné genoß seinen guten Ruf zu Recht, denn er hatte eine Schrift mit dem Titel *Systema naturae* verfaßt, in der er sich bemühte, alle damals bekannten Tier- und Pflanzenarten zu klassifizieren. Dieses Werk gilt als Meilenstein der Biologie, und unzählige Tier- und Pflanzennamen, die Linné in diesem Werk aufführte, haben noch heute Gültigkeit, ebenso wie das von ihm eingeführte System der »binären Nomenklatur«, nach der sich der wissenschaftliche Name eines jeden Lebewesens aus einem Gattungs- und einem Artnamen zusammensetzt, noch gültig ist. So heißt der Fliegenpilz beispielsweise *Amanita muscaria*, der nahe verwandte Grüne Knollenblätterpilz dagegen *Amanita phalloides*.

Diesem berühmten und einflußreichen Gelehrten teilte Münchhausen also die sonderbaren Verwandlungen mit, die die Pilzsporen angeblich durchmachten, mit dem Erfolg, daß Linné die Versuche mit unterschiedlichen Pilzsporen wiederholte. Er meinte, ebenfalls Tausende winziger Würmer unter dem Mikroskop zu erkennen, die aus den Pilzsporen schlüpften, wenn man diese

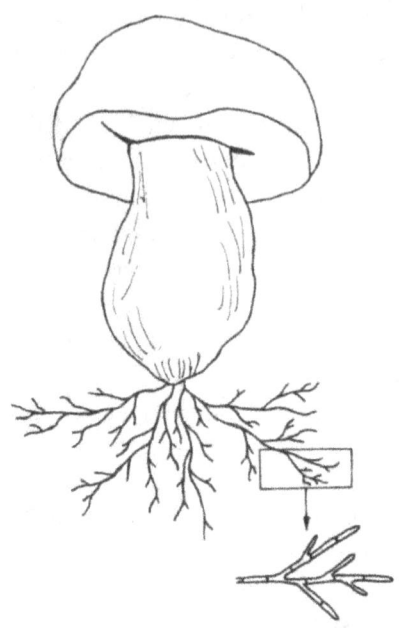

Abb. 1. Wenn von Pilzen die Rede ist, meinen die meisten Menschen die aus Hut und Stiel aufgebauten Fruchtkörper der Ständerpilze. Tatsächlich handelt es sich bei diesen Fruchtkörpern, die nur bei günstigen Wetterbedingungen gebildet werden und ausschließlich der Verbreitung der Sporen dienen, aber nur um einen Teil des gesamten Pilzes. Der Rest besteht aus einem unterirdischen Myzel, das sich – ebenso wie übrigens auch Stiel und Hut – aus einzelnen, septierten Schläuchen (Hyphen) zusammensetzt.

in Wasser gab und einige Tage wartete. Wie wir heute wissen, hatten Münchhausen und Linné nichts weiter als eine normale Sporenkeimung beobachtet. Diese beginnt bei den meisten Pilzen mit einem dünnen Keimschlauch, der einem winzigen Wurm tatsächlich nicht ganz unähnlich sieht, und aus dem sich später das sogenannte Pilzmyzel entwickelt.

Bevor wir den Begriff »Myzel« näher erläutern, erscheint es allerdings notwendig, mit einem weit verbreiteten Trugschluß aufzuräumen: Viele der Pilzsammler, die im Spätsommer oder Herbst durch die Wälder streifen, um hier und dort einen stattlichen Steinpilz oder Maronenröhrling abzuschneiden und ihn zu seinen Leidensgenossen in den Korb zu legen, glauben, damit den eigentlichen Pilz nach Hause zu tragen. Hiermit liegen sie allerdings völlig falsch, denn alles, was im normalen Sprachgebrauch als Pilz bezeichnet wird, wie z. B. der Champignon, mit dem der Koch ein Jägerschnitzel garniert, ist in Wahrheit nur ein relativ kleiner Teil des Gesamtorganismus, der in der Mykologie (Pilzkunde) Fruchtkörper heißt.

Wie die Bezeichnung »Fruchtkörper« bereits vermuten läßt, besteht seine Aufgabe darin, »Früchte«, also Sporen, zu bilden. Um diese anschließend verbreiten zu können, muß der Fruchtkörper – zum Glück für die Sammler – aus dem sicheren Schutz des Waldbodens herausgeschoben werden und sogar noch ein Stück in die Höhe wachsen, damit sichergestellt ist, daß der Wind die Pilzsporen auch gut forttragen kann (Abb. 1).

Gebildet werden die Fruchtkörper – zumeist im Herbst, wenn relativ feuchte Bedingungen vorherrschen, die den Sporen das Auskeimen erleichtern – vom zuvor erwähnten Pilzmyzel, das im Erdboden oder bei Baumpilzen im Holz verborgen ist. Bei diesem Myzel handelt es sich um ein Geflecht aus einzelnen »Schläuchen«, den sogenannten Hyphen. Sie haben zumeist nur einen Durchmesser von wenigen Mikrometern, können aber viele Meter lang sein, um den Erdboden auf der Suche nach Nährstoffen zu durchwuchern. Wie erst kürzlich Untersuchungen in den USA ergeben haben, können die Hyphen eines einzigen Hutpilzes ein geschätztes Gewicht von etwa 10000 Kilogramm erreichen und dabei ein Gebiet von mindestens 15 Hektar besiedeln, was solche

Pilze zu den ältesten und größten Lebewesen der Erde macht.

In Unwissenheit dieser Erkenntnisse interpretierte Linné die winzigen Keimhyphen der Pilzsporen als Würmer, gab ihnen den beziehungsreichen Gattungsnamen *Chaos* und reihte sie in der 12. Auflage seiner *Systema naturae* von 1776 konsequenterweise bei den Würmern ein. Dies hatte zur Folge, daß man die Pilze jetzt nicht mehr zu den Pflanzen rechnete, sondern fälschlicherweise ins Tierreich einordnete.

Systematische Stellung der Pilze

Aber wohin gehören die Pilze denn nun wirklich? Vergegenwärtigen wir uns an dieser Stelle kurz die Gemeinsamkeiten und Unterschiede zwischen Pflanzen, Tieren und Pilzen: Pflanzen sind mit Hilfe des Blattgrüns (Chlorophyll) in der Lage, Photosynthese zu betreiben, also die Lichtenergie der Sonne in chemische Energie umzuwandeln und so aus anorganischen Stoffen (Wasser und Kohlendioxid) organische Stoffe (Kohlenhydrate) herzustellen, die sie dann zu ihrer Ernährung nutzen können. Man spricht in diesem Fall von autotropher Ernährung. Tiere besitzen dagegen kein Chlorophyll und können somit auch keine Photosynthese betreiben. Sie müssen sich daher von organischen Substanzen ernähren, also Pflanzen, andere Tiere oder deren Kadaver fressen. Diese Ernährungsweise wird heterotroph genannt.

Und wie steht es mit den Pilzen? Auch sie besitzen kein Chlorophyll, sondern ernähren sich heterotroph, also von abgestorbenen, organischen Substanzen. Damit ähneln sie den Tieren. Allerdings gibt es einen ganz wichtigen Unterschied: Tierische Zellen sind nur von einer Zellmembran begrenzt, während Pilze (und Pflanzen) außerdem noch eine Zellwand besitzen. Daraus könnte man schließen, daß die Pilze vielleicht doch wieder eher in die Nähe von Pflanzen zu stellen seien – wäre da nicht der Umstand, daß die Zellwand der Pflanzen Zellulose enthält, die der meisten Pilze dagegen Chitin. Chitin ist die Substanz, aus der sich auch das Außenskelett der Insekten zusammensetzt. Außerdem speichern Pflanzen ihre Reservestoffe in Form von Stärke, während dies bei Tieren und Pilzen in Form von Glykogen geschieht.

Diese Liste der unbefriedigenden Einordnungsversuche ließe sich fortsetzen, denn es gibt weitere Gemeinsamkeiten und Unterschiede der Pilze zu den beiden anderen Gruppen. Am Ergebnis ändert sich allerdings nichts: Bei Berücksichtigung aller Fakten lassen sich Pilze weder den Pflanzen noch den Tieren problemlos zuordnen. Der naheliegende Schluß war daher also, sie in einer gesonderten Gruppe zu führen. Und genau das schlug als einer der ersten R.H. Whittacker 1969 vor. Der von ihm veröffentlichte Stammbaum erkannte den Pilzen einen eigenständigen taxonomischen[3] Rang zu, führte sie also als gleichberechtigte Gruppe neben den Pflanzen und Tieren.

Inzwischen wissen wir, daß Whittacker damit ziemlich richtig lag, denn nachdem es John Watson und Francis Crick 1953 gelang, die Struktur der DNA (Desoxyribonukleinsäure), auf der sämtliche Erbanlagen eines Lebewesens festgelegt sind, aufzuklären, bekam die Wissenschaft Methoden an die Hand, mit denen sich die verwandtschaftlichen Verhältnisse unterschiedlicher Lebewesen ziemlich genau nachweisen lassen. Daher ist man inzwischen nicht mehr so sehr auf Spekulationen angewiesen, besonders dann, wenn aussagekräftige fossile Be-

---

[3] Die Taxonomie klassifiziert die Lebewesen nach Kategorien, z. B. Art, Gattung, Familie usw.

lege für den Verlauf der Evolution fehlen, wie es bei den Pilzen der Fall ist.

Um das Prinzip dieser Art von Untersuchungen zu verstehen, muß man im Grunde nur wissen, daß die DNA jedes Lebewesens aus vier verschiedenen Nukleotidbausteinen besteht und die unterschiedliche Reihenfolge dieser chemischen Bausteine die Eigenschaften des jeweiligen Organismus festlegt. Das heißt, daß beispielsweise die Reihenfolge der Nukleotide in der DNA des Menschen und seines nächsten Verwandten, des Affen, zum Großteil identisch ist, aber natürlich auch eine Reihe von Unterschieden aufweist, denn es gibt ja bekanntlich eine Reihe wesentlicher Abweichungen zwischen beiden Gattungen. Im Vergleich des Menschen mit einer Ratte, die ja auch zu den Säugetieren gehört, existieren bereits größere Unterschiede, und die DNA einer Fliege oder eines Bakteriums weist nur noch relativ geringe Gemeinsamkeiten mit dem menschlichen Erbgut auf.

Wenn man die verwandtschaftlichen Verhältnisse zwischen einzelnen Organismen feststellen will, muß im Prinzip nur die Nukleotidsequenz der DNA unterschiedlicher Arten verglichen werden, um anschließend anhand der Gemeinsamkeiten und Unterschiede sagen zu können, wie eng sie miteinander verwandt sind. Ein Vergleich des gesamten Genoms verschiedener Lebewesen wäre sehr aufwendig, aber es gibt glücklicherweise vereinfachte Verfahren, die RNA (Ribonukleinsäure) statt der DNA verwenden. RNA ist in ihrem Aufbau der DNA sehr ähnlich und wird von der Zelle dazu benutzt, die auf der DNA gespeicherten Informationen umzusetzen.

Nachdem repräsentative Pilzgruppen mit dieser Methode untersucht und mit Tieren und Pflanzen verglichen worden waren, stellte sich heraus, daß Pilze mit diesen ebensowenig verwandt waren wie die beiden Gruppen untereinander (Abb. 2). Die von Whittaker vorge-

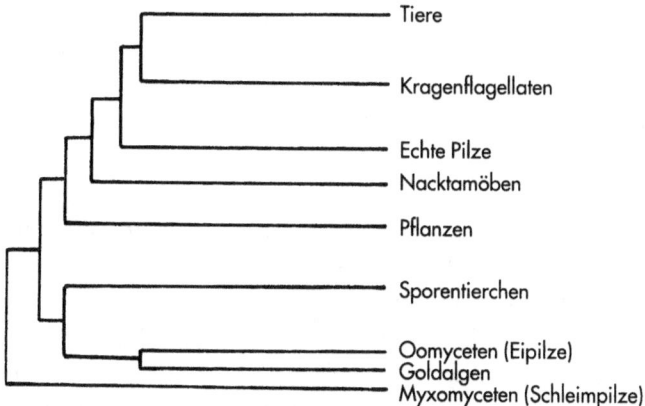

Abb. 2. Mit modernen Sequenzanalysemethoden läßt sich die Verwandtschaft einzelner Organismengruppen heute recht genau feststellen. Daher weiß man, daß Pilze nicht – wie früher zumeist angenommen – zu den Pflanzen zu rechnen sind, sondern eine eigene Gruppe bilden. Die sogenannten niederen Pilze, z. B. Myxomyceten oder Oomyceten, gehören nicht zu den wirklichen Pilzen im engeren Sinne, sondern haben ihren Platz an völlig anderen Stellen im System der Organismen (nach Wainright et al. 1993).

schlagene Sonderstellung war also gerechtfertigt. Herumgesprochen hat sich dieses Wissen aber ganz augenscheinlich noch nicht überall, denn überraschenderweise will uns beispielsweise die 19. völlig neubearbeitete Ausgabe der *Brockhaus-Enzyklopädie* aus dem Jahre 1992 (!) immer noch weismachen, Pilze seien eine »Gruppe des Pflanzenreiches ...«

Nachdem nun also festgestellt war, daß Pilze weder Pflanzen noch Tiere sind, hätte man eigentlich aufatmen können. Aber im Rahmen dieser Arbeiten ist etwas anderes deutlich geworden (was die Experten übrigens schon immer geahnt hatten): Nicht alles, was bisher als Pilz bezeichnet wurde, läßt sich dieser Gruppe zuordnen. Vielmehr gibt es zahlreiche Gattungen, die man bisher unter dem Begriff »niedere Pilze« zusammengefaßt hatte, und die mit den »echten Pilzen«, zu denen u.a. die Speisepilze gehören, nicht näher verwandt sind, sondern in die weitere Verwandtschaft von Pflanzen, Tieren oder gar Einzellern gehören.

Aus diesem Grund muß man »die Pilze« nach dem heutigen Stand der Forschung etwa folgendermaßen unterteilen: Es gibt eine Reihe von Organismen, die man als »echte Pilze«, »höhere Pilze« oder »Eumycota« bezeichnet, und die, wie oben beschrieben, weder Pflanzen noch Tiere sind, sondern eine eigenständige Gruppe bilden. Die übrigen werden zumeist »niedere Pilze«, »pilzähnliche Protisten« oder »pilzähnliche Protoctista« genannt. Die echten Pilze zeichnen sich hauptsächlich dadurch aus, daß ihre Zellwand Chitin enthält, die Hyphen durch regelmäßige Querwände unterteilt und die Sporen stets unbeweglich sind. Die niederen Pilze dagegen haben aktiv bewegliche Sporen und keine regelmäßig unterteilten Querwände.

Echte Pilze

Zu den echten oder höheren Pilzen, die sich durch die unterschiedlichen, der Fortpflanzung dienenden Strukturen voneinander abgrenzen lassen, gehören folgende Gruppen:

- Ständerpilze,
- Schlauchpilze,
- Jochpilze,
- Deuteromyceten (Fungi imperfecti).

Die Ständerpilze (Basidiomyceten) bilden ihre Sporen an sogenannten Basidien (Abb. 3). In diesen speziali-

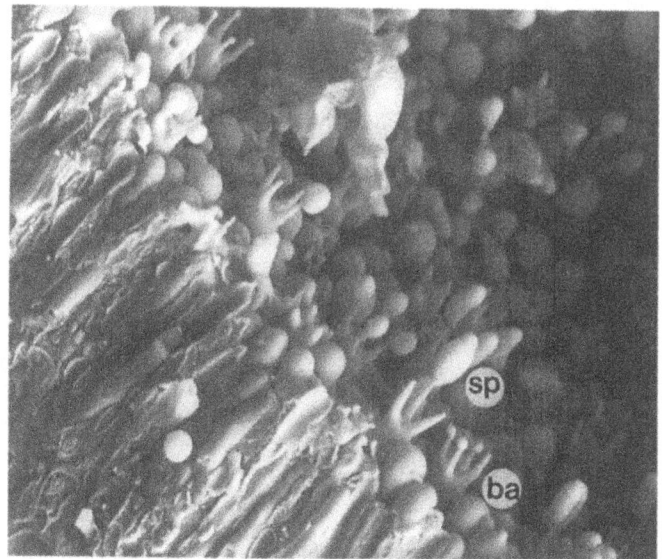

Abb. 3. Die Basidiomyceten verdanken ihren Namen der Tatsache, daß sie ihre Sporen – zumeist in Vierergruppen – an spezialisierten Zellen, den Basidien, bilden, die bei den Speisepilzen z. B. zwischen den Lamellen oder in den Röhren auf der Hutunterseite sitzen; *sp* Spore, *ba* Basidie mit jungen Sporen.

sierten Zellen erfolgt die Reifeteilung (Meiose)[4], bevor die dabei entstandenen Kerne in die Sporen einwandern, die dann verbreitet werden. Es gibt 30000 bis 40000 verschiedene Basidiomyceten-Arten, unter ihnen auch die Mehrzahl unserer Speisepilze (Farbabb. 2).

Bei den Schlauchpilzen (Ascomyceten) entstehen die Sporen in speziellen Schläuchen, die Asci genannt werden. Zu den rund 46000 bekannten Ascomyceten-Arten gehören beispielsweise die Bäckerhefe und die meisten Flechtenpilze (Farbabb. 3 und 4).

---

[4] In der Meiose werden die diploiden, elterlichen Chromosomensätze auf haploide Keimzellen neu verteilt.

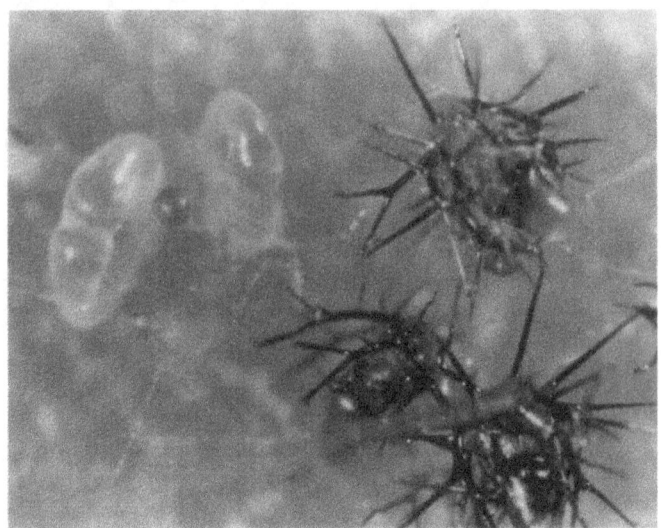

Abb. 4. Bei den Zygomyceten (Jochpilze) wachsen zwei spezialisierte Hyphen aufeinander zu, verschmelzen und bilden dadurch eine Struktur, die an ein Joch erinnert. Später entsteht an dieser Stelle eine Spore, die bei der hier abgebildeten Art *Phycomyces blakesleeanus* von geweihartig verzweigten, dunklen Hyphen umgeben ist (1 Zentimeter entspricht 250 Mikrometer).

Auch die Jochpilze (Zygomyceten) erhielten ihren Namen von den Organen der sexuellen Vermehrung. Bei dieser Gruppe wachsen zwei spezialisierte Hyphen unterschiedlicher Partner aufeinander zu und verschmelzen an den Spitzen, so daß eine Struktur entsteht, die an ein Joch erinnert (Abb. 4). An der Verschmelzungsstelle entsteht dann die Zygospore, die viele Tausend Kerne enthalten kann. Von den Zygomyceten gibt es weltweit nur etwa 650, zumeist recht unauffällige Arten. Ein bekannter Vertreter ist der Köpfchenschimmel (*Mucor*).

Deuteromyceten (Fungi imperfecti)

Eine ganze Reihe von Pilzen lassen sich nach diesem Prinzip, das auf der sexuellen Fortpflanzung beruht, allerdings nicht einteilen. Es handelt sich um die vielen Arten, die gar keine oder bisher unbekannte sexuelle Stadien[5] bilden, sondern sich durch ungeschlechtlich entstandene Sporen (Konidien) fortpflanzen (Abb. 5). Diese Form der Vermehrung ist bei Pilzen im Grunde nichts Besonderes, denn es gibt viele Arten, die neben den geschlechtlich entstandenen Sporen auch noch Konidien bilden. Das hat zwar den Nachteil, daß es nicht zu einer Durchmischung des genetischen Materials kommt, dafür ist es aber natürlich ein Vorteil, sich auch dann noch problemlos fortpflanzen zu können, wenn kein Partner mit passendem Paarungstyp vorhanden ist. (Da es bei Pilzen nicht nur eine Zweigeschlechtlichkeit gibt wie bei den Tieren, sondern beispielsweise bei der zu den Basidiomyceten gehörenden Art *Schizophyllum commune* über 20000 verschiedene »Geschlechter«, spricht man nicht von Geschlechtspartnern, sondern von unterschiedlichen Paarungs- oder Kreuzungstypen, auch wenn das im Grunde nur andere Bezeichnungen für die gleiche Sache sind.)

Bei der Einteilung dieser Pilze wußte man sich wegen des Fehlens einer sexuellen Vermehrung nun nicht anders zu helfen, als sie in einer gesonderten Gruppe, den sogenannten Deuteromyceten (Fungi imperfecti) zusammenzufassen. Wohin die hier vereinten etwa 30000 Arten verwandtschaftlich tatsächlich gehören, ist in den meisten Fällen noch ungeklärt. Allerdings wird es dank der modernen Sequenzanalysemethoden aber wohl irgend-

---

[5] Sexuelle Stadien werden auch perfekte Stadien genannt; daher der Name »Fungi imperfecti«.

Abb. 5. Zu den Deuteromyceten gehören auch zahlreiche Schimmelpilze, von denen viele innerhalb kürzester Zeit eine große Anzahl ungeschlechtlicher Sporen (Konidien) bilden können, die häufig – wie im Bild zu sehen – in langen Ketten angeordnet sind. Weil aus diesen Sporen wieder neue Pilze heranwachsen können, gelingt es vielen dieser Arten, ein geeignetes Substrat, beispielsweise Nahrungsmittel, sehr schnell zu überwuchern und damit unbrauchbar zu machen (1 Zentimeter entspricht 50 Mikrometer).

wann möglich sein, die tatsächliche Zugehörigkeit von immer mehr Pilzen dieser Gruppe aufzuklären, so daß dieses Provisorium dann entfallen kann.

Niedere Pilze

Bei den pilzähnlichen Protisten ist die Einteilung etwas schwierig. Das hat in erster Linie damit zu tun, daß unter diesem Begriff Organismen zusammengefaßt werden, die im Grund wenig miteinander gemein haben. Wie man aus Sequenzvergleichen weiß, sind die meisten Vertreter dieser Gruppe mit den höheren Pilzen nicht näher verwandt, was auch schon an einigen äußerlichen Merkmalen deutlich wird. So sind die Hyphen der pilzähnlichen Protisten normalerweise nicht durch regelmäßige Querwände unterteilt, und die Sporen besitzen Geißeln, so daß sie sich aktiv bewegen können.

Innerhalb der niederen Pilze lassen sich folgende Gruppen unterscheiden:

- Flagellatenpilze,
- Hyphochytridomyceten,
- Eipilze,
- Schleimpilze.

Die Flagellatenpilze (Chytridiomyceten) scheinen den echten Pilzen noch am nächsten zu stehen, was sich auch darin ausdrückt, daß ihre Zellwände ebenfalls Chitin enthalten. Unter den etwa 600 bekannten Arten gibt es viele pflanzenpathogene Pilze, wie z. B. den Kartoffelkrebserreger *Synchytrium endobioticum*.

Eine sehr kleine und wenige erforschte Gruppe mit nur etwa 20 Arten sind die Hyphochytridomyceten. Sie gleichen äußerlich den Flagellatenpilzen, haben aber als einzige Organismen sowohl Zellulose als auch Chitin in der Zellwand, so daß sie wohl eine Sonderentwicklung innerhalb der niederen Pilze darstellen.

Die Eipilze (Oomyceten) sind dagegen vermutlich näher mit bestimmten Algen verwandt als mit irgendeiner Pilzgruppe. Viele der rund 600 Arten leben im Wasser oder als Parasiten in Pflanzen und Tieren. Ihre Zellwand enthält normalerweise Zellulose. Ein berühmtes Beispiel ist der Kartoffelschädling *Phytophthora infestans*, der das Schicksal einer ganzen Nation beeinflußt hat (vgl. Kap. 8).

Die wohl ungewöhnlichsten Organismen, die traditionell bei den pilzähnlichen Protisten eingeordnet werden, sind die Schleimpilze (Myxomycota, Plasmodiophoromycota und Labyrinthulomycota) (Farbabb. 5). Es gibt etwa 600 bis 700 Arten, von denen viele während bestimmter Phasen des Lebenszyklus Stadien bilden, die sich amöbenähnlich verhalten, so daß man diese Lebewesen wohl zu den Protisten (einzellige Organismen) rechnen muß. Sie leben an feuchten Stellen im Wald, auf Blättern, Holz oder Rinde und fallen durch ihre kräftig gefärbten Fruchtkörper auf, wie z. B. die Gelbe Lohblüte (*Fuligo septica*).

2 Der grüne Mörder

> *Bei Pilzen und Dichtern kommen auf einen*
> *guten zehn schlechte.*
> (Sprichwort)

Pilzgifte in der Antike

Mag das vorangestellte Sprichwort auf Dichter möglicherweise noch zutreffen, so ist es bei Pilzen zumindest stark übertrieben, denn die Wahrscheinlichkeit, sich mit »schlechten Schwämmen« zu vergiften, ist im Grunde nicht besonders groß. Von den rund 6000 in Europa beheimateten Großpilzen gelten nur etwa 180 als giftig oder giftverdächtig, und von diesen enthalten nur wenige ein für den Menschen lebensgefährliches Toxin. Um so erstaunlicher ist, daß es trotz aller Warnungen auch heute noch alljährlich zu tödlichen Unfällen durch Pilze kommt.

Dabei weiß man schon seit vielen Jahrhunderten, daß man um bestimmte Pilze besser einen großen Bogen macht. Erste Angaben zur Eßbarkeit und Giftigkeit verschiedener Pilze finden sich bereits bei den Gelehrten der Antike. Von der Ursache der Toxizität machte man sich damals allerdings noch recht eigenartige Vorstellungen. Die vorherrschende Meinung war, Pilze würden ihre giftigen Eigenschaften durch äußere Einflüsse erhalten, also etwa dadurch, daß sie in der Nähe giftiger Kräuter, neben rostigen Nägeln oder faulenden Lumpen wuchsen. Weit verbreitet war auch die Vorstellung, Giftschlangen könnten etwas mit der Ungenießbarkeit von Pilzen zu tun haben, so daß man sich vor denen hütete, die in der Nähe von Schlangenlöchern wuchsen.

Erste Versuche zur Bekämpfung von Pilzvergiftungen wurden ebenfalls schon recht früh unternommen. So finden wir in den Aufzeichnungen des römischen Schriftstellers Plinius des Älteren (23–79 n. Chr.) das Rezept für ein damals augenscheinlich sehr beliebtes Gegenmittel: eine Mischung aus Rettich, Essig und Hühnermist – ohne Zweifel ein ausgezeichnetes Brechmittel, mit dem sich ein Teil der gefährlichen Mahlzeit auf natürlichem Wege entfernen ließ. Weitere Wirkungen dürfen angezweifelt werden. Nach Angaben von Galenus (129–199 n. Chr.), Leibarzt mehrerer römischer Kaiser, sollte bei der Herstellung dieses Trankes der Mist von freilaufenden Hühnern verwendet werden, da er weit wirksamer sei, als der von eingesperrten. Daraus kann man ersehen, daß die Geschichte von den schmackhaften Eiern, die angeblich nur von ökologisch gehaltenen Hühnern gelegt werden, so neu auch nicht ist.

Das Mißtrauen gegenüber Pilzen und die damit verbundene Angst hielt viele Jahrhunderte an. Unzählige Menschen, deren kärglicher Speiseplan durch die Nutzung von Pilzen durchaus hätte bereichert werden können, verzichteten vorsichtshalber auf den Genuß dieses Nahrungsmittels. Selbst unter den Gelehrten und Pilzkennern gab es große Unsicherheiten. Das Motto »Wir untersuchen Pilze, wir essen sie nicht«, das der italienische Arzt und Pilzforscher Giovanni Antonio Battarra (1714–1789) seinem Hauptwerk *Fongorum agri Ariminensis historia* voranstellte, mag als Hinweis dafür gelten.

Erst Ende des 18. Jahrhunderts fand man heraus, daß die Giftigkeit von Pilzen eine unveränderliche Eigenschaft bestimmter Arten ist, also äußere Umstände keine Rolle spielen. Etwa zu dieser Zeit begann man auch, die ersten Pilzgifte zu untersuchen und zu charakterisieren. Genaue chemische Analysen wurden allerdings erst in unserem Jahrhundert durchgeführt. Aber selbst mit den heute vorhandenen Möglichkeiten gelang es bisher, nur einen Bruchteil aller Pilztoxine chemisch zu analysieren und identifizieren. Das liegt einmal an der zumeist recht komplizierten Struktur vieler Pilzgifte, aber auch daran, daß jedes Exemplar zumeist nur geringe Mengen der giftigen Substanz enthält. Bei vielen Arten ist außerdem ein relativ komplexes Gemisch von Giften vorhanden, in dem die einzelnen Komponenten oft auch noch in veränderlicher Menge vorkommen. Daher sind unsere Kenntnisse der Pilztoxine weiterhin sehr gering. Auch die Behandlungsmöglichkeiten nach einer Pilzvergiftung können noch lange nicht als optimal bezeichnet werden.

Die Wirkung des Grünen Knollenblätterpilzes

Todesfälle sind hierzulande in erster Linie auf Knollenblätterpilze zurückzuführen und hier besonders auf den häufigen Grünen Knollenblätterpilz (*Amanita phalloides*), der im Volksmund auch »Grüner Mörder« genannt wird (Farbabb. 6). Gelangen diese Pilze in den Kochtopf, ist die höchste Alarmstufe angesagt: Schon die Menge von 50 Gramm Frischgewicht, manchmal also nur ein einziges Exemplar reicht aus, um einen Erwachsenen zu töten. Die tödliche Dosis liegt bei etwa 0,1 Milligramm Gift pro Kilogramm Körpergewicht. Damit ist es zehnmal effektiver als beispielsweise das Gift der Kreuzotter.

Knollenblätterpilze enthalten zwei Gruppen unterschiedlicher Toxine, die jedoch chemisch sehr ähnlich aufgebaut sind und in Anlehnung an den wissenschaftlichen Namen des Grünen Knollenblätterpilzes (*Amanita*

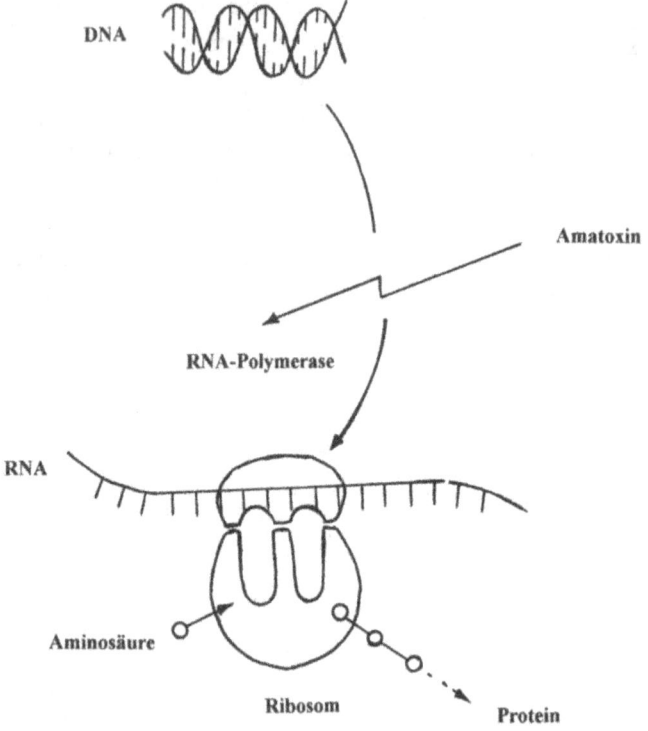

Abb. 6. Wirkungsweise des Amanitins der Knollenblätterpilze.

phalloides) Amanitine und Phalloidine genannt werden. Wirklich gefährlich sind allerdings nur die Amanitine. Sie bestehen aus kurzen, ringförmig zusammengelagerten Aminosäureketten[1]. Ihre Wirkung besteht darin, daß sie die RNA-Polymerase hemmen, ein für jede Zelle lebenswichtiges Enzym[2] (Abb. 6).

---

[1] Aminosäuren sind die Grundbausteine der Eiweiße (Proteine).

[2] Eiweiße, die in den Zellen als Biokatalysatoren den Stoffaufbau und -abbau bewerkstelligen.

Um die Folgen einer Inaktivierung der RNA-Polymerase einschätzen zu können, ist es notwendig, kurz auf einen sehr wichtigen Prozeß des biologischen Zellstoffwechsels einzugehen: die Proteinbiosynthese. Proteine, zu denen ja auch die Enzyme gehören, tragen ihren Namen zu Recht, denn kein Organismus kann ohne sie leben (der Begriff leitet sich von dem griech. »proteuo« ab, was soviel bedeutet wie: ich nehme den ersten Platz ein). Soll also eine Zelle in der ihr zugedachten Weise funktionieren, muß sie Proteine herstellen. Bei diesem recht komplizierten Prozeß gilt es unter anderem ein räumliches Problem zu lösen, denn die Anweisungen zur Produktion der verschiedenen Proteine sind in der DNA des Zellkerns gespeichert, während die Orte der Proteinsynthese, die sogenannten Ribosomen, an denen diese Information also letztlich benötigt wird, außerhalb des Zellkerns liegen. Hierfür besitzt die Zelle ein Übermittlungssystem.

Für den Transport der Information von der DNA zu den Orten der Proteinsynthese ist die RNA verantwortlich, ein der DNA sehr ähnliches Molekül, das aus dem Zellkern herausgeschleust wird und an das sich die Ribosomen anlagern, so daß die Information aus der DNA dort jetzt zur Verfügung steht. An diesem Vorgang ist in entscheidender Weise das Enzym RNA-Polymerase beteiligt. Wird die RNA-Polymerase durch ein Gift wie Amanitin in ihrer Funktion gehemmt, findet keine Informationsübertragung und damit auch keine Proteinsynthese mehr statt. Die Zelle stirbt.

Geschädigt werden bei einer Amanitinvergiftung hauptsächlich die Leberzellen. Das Gift, das über den Dünndarm aufgenommen wird, gelangt über die Pfortader in die Leber, um dort mit seinem zerstörerischen Werk zu beginnen. Anschließend wird es wieder in den Darm abgegeben und gelangt dann erneut in die Leber.

Damit beginnt ein tödlicher Kreislauf, bei dem immer mehr Leberzellen absterben, bis es ohne ärztliche Behandlung nach 4 bis 7 qualvollen Tagen schließlich zu einem Leberversagen kommt.

Aber nicht nur die beachtliche Effektivität des Knollenblätterpilzgiftes stellt ein Problem dar, sondern auch die ungewöhnlich lange Latenzzeit, also der Zeitraum, der vergeht, bis die ersten Vergiftungssymptome nach dem Verzehr der Pilze sichtbar werden. Während der Körper bei vielen anderen Giftpilzen bereits nach 15 bis 30 Minuten beginnt, sich mit Brechdurchfällen vom aufgenommenen Gift zu befreien, passiert bei einer Amanitinvergiftung in der Regel 10 bis 12 Stunden lang überhaupt nichts. Manchmal dauert es sogar 24 Stunden oder länger, ehe eine Reaktion auf die Vergiftung erfolgt. Die dann einsetzenden, normalerweise schon blutigen Brechdurchfälle lassen unschwer erkennen, daß eine Schädigung des Körpers bereits eingetreten ist. Dadurch wird natürlich auch eine Behandlung erschwert, und allzuoft kommt jetzt bereits jede medizinische Hilfe zu spät. Die Brechdurchfälle halten 2 bis 4 Tage an, wobei es aufgrund des starken Wasserverlustes zu einem Blutdruckabfall oder zum Schock kommen kann. Bald darauf beginnt sich die Haut des Opfers gelb zu verfärben – ein untrügliches Anzeichen, daß die Leber ihre Aufgaben nicht mehr zufriedenstellend wahrnehmen kann –, und im schlimmsten Fall stirbt das Opfer nach einigen Tagen.

Die große Gefahr, die von Knollenblätterpilzen ausgeht, läßt sich auch durch Zahlen belegen. In der Schweiz, wo bereits seit Beginn dieses Jahrhunderts eine Statistik über Pilzvergiftungen geführt wird, sind über 90% der tödlich verlaufenden Unglücksfälle auf den Grünen (*Amanita phalloides*) und Weißen Knollenblätterpilz (*Amanita virosa*) zurückzuführen. In absoluten Zahlen waren das zwischen 1919 und 1958 immerhin 87 Fälle.

Im gleichen Zeitraum gab es dagegen beispielsweise nur drei Todesfälle durch Rißpilze (*Inocybe*) und Trichterlinge (*Clitocybe*) sowie jeweils zwei durch Pantherpilze (*Amanita pantherina*) und Fliegenpilze (*Amanita muscaria*). Vergleichbare Angaben kommen aus der Slowakei, wo zwischen 1963 und 1980 insgesamt 59 Personen durch Knollenblätterpilze ums Leben kamen, und aus Polen, wo zwischen 1953 und 1977 knapp 100 Todesfälle durch *Amanita phalloides* zu beklagen waren.

Vergiftungsfälle

Von Zeit zu Zeit kommt es immer wieder zu spektakulären Vergiftungsfällen, wie beispielsweise im Jahre 1919 in einem kleinen Ort bei Posen, als 31 Schulkinder durch Knollenblätterpilze ums Leben kamen. Ein anderes Beispiel ist ein Unglücksfall, bei dem 1975 in Mecklenburg eine fünfköpfige Familie getötet wurde. Von dieser Tragödie gab der Pilzsachverständige des dortigen Bezirks folgende Darstellung:

> Die Familie hatte am Sonntag, dem 17. 8. 1975, Appetit auf ein Pilzgericht. Vater und Sohn fuhren daher mit dem Motorrad in ein kleines Wäldchen in der Nähe Stralsunds. Ihr Suchen hatte trotz des trockenen Sommerwetters schließlich in einem Eichenbestand Erfolg. Man fand ansehnliche grüne Pilze mit weißen Blättern, Manschette und Stielknolle, die der Vater für Täublinge hielt. Sorgfältig schnitt er die Fruchtkörper dicht über dem Erdboden ab und bedeckte die Knollen mit Erde, damit »neue Pilze« wachsen könnten. Stolz kamen die beiden Sammler mit einem kleinen Spankorb der appetitlich aussehenden Pilze nach Hause. Dabei

kamen dem Vater, einem nicht ganz unerfahrenen Pilzsammler, Bedenken, denn solche Pilze hatte er früher nie genommen, und ganz sicher erschien ihm eine Bestimmung der Täublinge auch nicht. Er sortierte jedoch nur einen verdächtigen Pilz aus. Die übrigen wurden gebraten, serviert und verzehrt. Alle anwesenden vier Familienmitglieder sowie eine junge Verwandte als Gast nahmen an der verhängnisvollen Mahlzeit teil. Am Nachmittag wurde noch bei voller Gesundheit gefeiert, und am Abend fuhr der Gast ahnungslos in seinen Heimatort zurück. Die Stralsunder Familie erkrankte in der darauffolgenden Nacht gegen 23 Uhr, also nach etwa 10 Stunden. Wegen des dramatischen Verlaufs (dauerndes Erbrechen, Durchfall) wurden alle am Morgen des folgenden Tages in die Klinik aufgenommen. ... Am 19. August verstarb der Gast im Krankenhaus seiner Heimatstadt. Von der Stralsunder Familie verstarb der Sohn am 21.8., der Vater am 22.8., die Mutter am 23.8. und am 24.8. die Tochter. Zurück blieb eine 13jährige Tochter, die sich zur Zeit des Unglücks im Ferienlager befand (Schmidt 1977).

Einige Todesfälle durch Pilze gehen aber nicht auf tragische Verwechslungen zurück, sondern haben mit menschlicher Habgier und anderen niederen Motiven zu tun. So soll der erste bekanntgewordene Fall, bei dem das sehr wirksame Gift des Knollenblätterpilzes für ein Verbrechen benutzt wurde, sich bereits vor etwa 2000 Jahren in Rom zugetragen haben. In der ewigen Stadt ging es wieder einmal drunter und drüber. Mord und Totschlag waren an der Tagesordnung. So war Kaiser Caligula (12–41 n. Chr.), der kurz zuvor noch sein Pferd zum Konsul ernannt hatte, gerade von einem Prätorianeroberst namens Cassius Chaerea umgebracht worden, den Majestät des öfteren wegen seiner hohen Stimme gehänselt hatte. Als Nachfolger Kaiser Caligulas wurde sein Onkel Claudius (10 v. Chr. bis 54 n. Chr.) auserkoren, der letzte Überlebende der julisch-claudischen Dynastie. Stets kränklich und außerdem sprech- und gehbehindert, hatte die Familie ihn zunächst sorgfältig von allen öffentlichen Ämtern ferngehalten, bis er von seinem Neffen Caligula dann doch noch zum Konsul ernannt wurde (was vermutlich nicht viel zu bedeuten hatte, wenn man an das Pferd denkt).

Trotz seiner körperlichen Schwächen scheint Claudius aber durchaus das Leben eines privilegierten römischen Edelmannes geführt zu haben, wozu auch ein recht ausschweifendes Eheleben gehörte. So heiratete er, kurz nachdem er seine herrschsüchtige und leichtlebige dritte Frau Valeria Messalina zusammen mit ihrem Geliebten hatte hinrichten lassen, seine Nichte Agrippina – eine Entscheidung, die sich schon sehr bald als Fehler herausstellen sollte. Bereits kurz nach der Eheschließung gelang es der neuen Kaiserin, ihren Gatten zu überreden, Nero, ihren Sohn aus erster Ehe, zu adoptieren. Damit brachte der Kaiser allerdings seinen eigenen Sohn Britannicus, der jünger als Nero war, um die Erbfolge. Als Claudius auf Drängen seiner Berater diesen Schritt wieder rückgängig machen wollte, glaubte Agrippina zum Wohle ihres Sohnes handeln zu müssen. Kurz entschlossen entschied sie sich, ihren Gatten umzubringen. Als »Mordwaffe« wurden nach Rücksprache mit einer bekannten Giftmischerin Knollenblätterpilze ausgewählt, die man einer Mahlzeit aus ungiftigen und wohlschmeckenden Kaiserlingen (*Amanita caesarea*) beimischte.

Aus Sicht des neutralen Beobachters kann die Wahl der Knollenblätterpilze für diesen Zweck als sehr gelungen bezeichnet werden, da die Latenzzeit beim Verzehr von Knollenblätterpilzen sehr groß ist. Das war insofern wichtig, als die Herrscher der damaligen Zeit, die stets mit Anschlägen solcher Art rechneten, einen Vorkoster beschäftigten. Dieser probierte die kaiserliche Mahlzeit, und wenn er anschließend nicht tot umfiel, fühlte sich Majestät einigermaßen sicher, daß das Essen nicht vergiftet war. Aufgrund dieser Vorsichtsmaßnahme schieden bei einem Mordplan die üblichen, schnellwirkenden Gifte aus, während nach dem Genuß von Knollenblätterpilzen dagegen ja zunächst einmal viele Stunden lang nichts geschieht. So konnte der in das Komplott eingeweihte Vorkoster, ein wohl in jeder Beziehung als unglücklich zu bezeichnender Eunuch namens Halotus, also auch ohne große Bedenken von dem Mahl kosten. Sein Risiko war im Vergleich mit der sicherlich fürstlichen Belohnung eher gering, da er die Pilze schon kurz darauf wieder erbrechen konnte, während das Gift im Körper des ahnungslosen Kaisers sein unheilvolles Werk begann.

Als bei Claudius die ersten Symptome der Vergiftung auftraten, ließ er seinen Leibarzt Xenophon kommen, der von Agrippina jedoch ebenfalls in das Mordkomplott eingeweiht worden war. Er verabreichte dem Kaiser als »Gegenmittel« eine zusätzliche Dosis eines schnellwirkenden Giftes, so daß Claudius durch diese ärztliche »Nachsorgemaßnahme« den nächsten Tag bereits nicht mehr erlebte. Der Rest ist Geschichte: Nero kam an die Macht und bald darauf stand Rom in Flammen.

Ein weiterer aufsehenerregender Fall mit Knollenblätterpilzen, der sich Anfang unseres Jahrhunderts ereignete, ist der des Franzosen Girard. Unter Mithilfe seiner Frau und einer Geliebten bemühte sich Girard, die Bekanntschaft wohlhabender Leute zu machen, die etwa so alt waren wie er oder eine der Frauen. Dann schloß er eine Lebensversicherungspolice auf den Namen der potentiellen Opfer ab, wobei allerdings er, seine Frau oder auch seine Mätresse die ärztlichen Untersuchungen über sich ergehen ließen. Nachdem die Versicherungen in Kraft getreten waren, wurden die bedauernswerten Opfer zu einem Pilzessen eingeladen, das sie in der Regel nicht überlebten. Anschließend kassierte das Mördertrio stellvertretend die Versicherungssumme und soll bis zu seiner Entdeckung recht wohlhabend geworden sein.

Girard und seine Komplizinnen flogen auf, als sie für eine einzige Dame Lebensversicherungen bei vier verschiedenen Gesellschaften abschlossen. Die überversicherte Frau verstarb einige Wochen später, woraufhin drei der Versicherungen anstandslos zahlten. Der Vertragsarzt der vierten Gesellschaft wurde allerdings mißtrauisch, als er vom Tod der Frau hörte, die er kurz zuvor noch als kerngesund eingestuft hatte. Er beschloß, der Sache auf den Grund zu gehen, und fand sehr schnell heraus, daß es sich bei der Toten nicht um die Person handelte, die er untersucht hatte. Der Rest war Routinearbeit der Polizei. Girard wurde zum Tode verurteilt und hingerichtet. Die beiden Frauen bekamen lebenslange Haftstrafen.

Gibt es Gegenmittel?

Obwohl die medizinische Forschung in den letzten Jahrzehnten versucht hat, wirksame Mittel gegen Knollenblätterpilzvergiftungen zu entwickeln, hätten wohl auch heute weder Claudius noch eines der Opfer Girards einen solchen Anschlag überlebt, denn die Chancen einer erfolgreichen Behandlung sind immer noch nicht sehr hoch. Wie die Statistik aussagt, führte zwischen 1970 und 1980 etwa ein Viertel der rund 200 in Westeuropa registrierten Vergiftungsfälle durch Amanitin zum Tode.

Waren Kinder betroffen, lag die Sterblichkeit sogar bei über 50%.

Relativ gut hat es noch derjenige getroffen, dem nicht nur Knollenblätterpilze in seine Mahlzeit geraten sind, sondern auch andere Giftpilze. Aufgrund der zumeist kurzen Latenzzeit vieler anderer Pilzgifte kommt es in einem solchen Fall bereits nach recht kurzer Zeit zu Brechdurchfällen, wodurch auch ein großer Teil der aufgenommenen Knollenblätterpilze auf natürlichem Weg entfernt wird. Außerdem wird wegen des schlechten Allgemeinzustandes normalerweise bereits nach sehr kurzer Zeit ärztliche Hilfe in Anspruch genommen, so daß der Krankheitsverlauf zumeist weniger dramatisch verläuft. Geht die Vergiftung jedoch allein auf Knollenblätterpilze zurück, kommt häufig jede Hilfe zu spät, denn, wie erwähnt, beginnt das Gift sein zerstörerisches Werk bereits, wenn das Opfer noch nicht einmal ahnt, was in seinem Inneren vorgeht.

Selbstverständlich wehrt sich der Körper, indem er versucht, einen Teil der Amanitine über die Nieren auszuscheiden. Aber sobald die Brechdurchfälle einsetzen, wird ihm soviel Flüssigkeit entzogen, daß eine Entgiftung über den Urin nicht mehr stattfinden kann. Daher wird von ärztlicher Seite stets die Aufnahme großer Flüssigkeitsmengen angeordnet, um auf diese Weise nicht nur den Wasserverlust auszugleichen, sondern auch die Urinproduktion und damit die Nierentätigkeit zu steigern. Gleichzeitig bemüht man sich, weiteres Gift durch Magenspülungen und Abführmittel aus dem Magen-Darm-Trakt zu entfernen, oder man verabreicht Kohlepräparate, um möglichst viel Amanitin zu binden. Weitere Maßnahmen umfassen die Reinigung des Blutes außerhalb des Körpers durch eine künstliche Niere oder durch Kohlefilter.

Gewisse Effekte scheinen auch durch die Verabreichung von Penizillin zustandezukommen, denn dieses

Antibiotikum vermindert die Aufnahme von Amanitin in die Leber, wie im Tierversuch nachgewiesen werden konnte. Ähnliches gilt für eine Substanz namens Silibinin, die aus einer seit langem bekannten Heilpflanze, der Mariendistel (*Silybum marianum*), gewonnen wird. Auch hier wird die Amanitinaufnahme in die Leber gehemmt. Einen günstigen Einfluß auf toxische Leberschäden soll außerdem eine Sauerstoffbehandlung (80% Sauerstoff und 20% Stickstoff) haben.

Die Behandlung mit Thioctsäure, bei der sich die Überlebensrate um 82% erhöhen soll, ist dagegen umstritten, da eine vorliegende Statistik auf nur elf untersuchten Fällen beruht und daher praktisch keine Aussagekraft besitzt. Als wirkungslos hat sich auch die Empfehlung eines Herrn Limousin erwiesen, der rät, im Falle einer Vergiftung sieben rohe Gehirne und drei rohe Mägen von Kaninchen zu essen, da diese Tiere angeblich gegen Amanitin immun sind. Dies stellte sich in Untersuchungen übrigens als falsch heraus. Normalerweise gelingt es den Patienten außerdem nicht einmal, den ekelerregenden Brei bei sich zu behalten.

Umstritten war lange Jahre auch die Behandlung nach der sogenannten Bastien-Methode. Dabei handelt es sich um die Therapie des französischen Arztes Bastien, mit der dieser schon in den 50er Jahren durchschlagende Erfolge bei der Bekämpfung von Knollenblätterpilzvergiftungen erzielt haben will. Diese Therapie schließt eine Korrektur des Wasserhaushaltes ein, eine Darmdesinfektion mit Antibiotika, intravenöse Injektionen von Vitamin C, und eine verstärkte Aufnahme von Karotten, die nach Aussage von Bastien in der Lage sind, das Gift unschädlich zu machen, sowie die Einnahme von Hefekapseln, die die natürliche Darmflora wiederherstellen sollen.

Da ihm die Anerkennung lange Zeit versagt blieb, unternahm Bastien im Jahre 1971 einen Selbstversuch. Er aß eine Menge Knollenblätterpilze, die normalerweise ausgereicht hätte, einen Menschen zu töten. Bastien überlebte dieses Experiment und wiederholte seinen Versuch später sogar noch zweimal. Der dritte dieser Selbstversuche fand am 15. 9. 1981 in Genf unter Aufsicht eines Arztes und mehrerer unabhängiger Zeugen statt. Dabei gab es ganz augenscheinlich keine Gründe, Bastiens Experiment in Frage zu stellen, so daß die Diskussionen um diese Methode inzwischen nachgelassen haben. Wird rechtzeitig, also innerhalb von 2 bis 4 Stunden nach der Vergiftung, mit der von Bastien erarbeiteten Behandlung begonnen, liegt die Genesungschance bei über 90%. Allerdings erfolgen die medizinischen Gegenmaßnahmen wegen der hohen Latenzzeit der Knollenblätterpilzgifte in den meisten Fällen erst sehr viel später, denn es ist unwahrscheinlich, daß jemand, der sich in den Stunden nach einer Pilzmahlzeit nicht nur gesättigt, sondern auch wohl fühlt, einen Arzt oder eine Klinik aufsucht, so daß die Bastien-Behandlung den meisten Amanitinvergifteten nicht helfen wird.

Weitere Pilze mit Amanitin

In diesem Zusammenhang erscheint es wichtig, auf die wenig bekannte Tatsache hinzuweisen, daß nicht nur der Grüne (*Amanita phalloides*), der Weiße (*Amanita alba*), der Frühlings-Knollenblätterpilz (*Amanita verna*, auch Frühlings-Wulstling genannt) und der Spitzkegelige Knollenblätterpilz (*Amanita virosa*) schwere Amanitinvergiftungen auslösen können, sondern auch Vertreter anderer Gattungen. Dazu gehören verschiedene Arten von Schirmlingen, z. B. *Lepiota brunneoincarnata, Lepiota castanea, Lepiota helveola, Lepiota josserandii, Lepiota lilacea, Lepiota subincarnata*, und vermutlich weitere Arten, die noch nicht genauer untersucht wurden. Gefährlich sind Schirmlinge vor allen Dingen deswegen, weil man einige von ihnen unter Umständen leicht mit einem sehr beliebten Speisepilz verwechseln kann, dem Parasol oder Riesenschirmling (*Macrolepiota procera*).

Eine andere gefährliche Gruppe sind die Häublinge (*Galerina autumnales, Galerina badipes, Galerina marginata*). Letzterer ähnelt nicht nur dem eßbaren Stockschwämmchen (*Kuehneromyces mutabilis*), sondern wächst ebenfalls auf Baumstümpfen, so daß hier die Gefahr einer Verwechslung besonders groß ist.

Logischerweise besteht der einzige zuverlässige Schutz vor Vergiftungen durch Amanitin in einer genauen Kenntnis der Großpilze – sieht man einmal davon ab, daß es natürlich am ungefährlichsten ist, ganz auf den Genuß selbstgesammelter Pilze zu verzichten.

3 Saft-, Täub-, Schleier- und andere Fieslinge

> *Eher muß man darauf achten, mit wem man ißt und trinkt, als was man ißt und trinkt.*
> Seneca (römischer Dichter,
> 4 v. Chr. bis 65 n. Chr.)

Dieser gutgemeinte Ratschlag Senecas mag zwar in vielen Fällen seine Berechtigung haben, Pilzsammler sollten ihm jedoch mit einer gehörigen Portion Skepsis begegnen. Das gilt auch für diejenigen, die sicher sind, daß sie den gefährlichen Knollenblätterpilz genau kennen, denn es gibt neben den amanitinhaltigen Pilzen noch eine ganze Reihe weiterer Arten, vor denen man sich ebenfalls in acht nehmen sollte.

Der Pantherpilz

Durch den Pantherpilz *(Amanita pantherina)* kommt es immer wieder einmal zu tödlichen Vergiftungen, vor allen Dingen deswegen, weil er eine gewisse Ähnlichkeit mit dem eßbaren Perlpilz *(Amanita rubescens)* und anderen ungiftigen Arten hat (Farbabb. 7). Er gehört, wie an dem wissenschaftlichen Namen unschwer zu erkennen ist, in dieselbe Gattung wie der gefürchtete Grüne Knollenblätterpilz, enthält aber völlig andere Giftstoffe, nämlich Ibotensäure, Muscimol, Muscazon und vermutlich noch eine Reihe weiterer Toxine.

1934 kam es in der Gegend von Plauen zu einer Massenvergiftung durch den Pantherpilz, bei der im Verlauf des Spätsommers 75 Personen ins Krankenhaus eingeliefert werden mußten. Die bei den Opfern auftretenden Symptome wurden wie folgt geschildert:

Der Krankheitsverlauf sämtlicher Vergifteten bot überall das gleiche Bild: Bei Beginn der Vergiftung verspürten die Erkrankten meist eine eigenartige Beklommenheit, dann Schwindelgefühl, Kopfschmerzen und Ohrensausen. Plötzlich fühlten sie, daß sie ihren Körper nicht mehr in der Gewalt hatten. Sie ließen den Gegenstand fallen, den sie gerade in der Hand hielten, knickten zusammen und lagen hilflos auf dem Boden. Wohl denen, die nun Erleichterung fanden durch Erbrechen des Mageninhaltes! Ihnen blieb Schweres erspart. Aber leider fehlten in vielen Fällen (in 15) die so wichtigen Magen- und Darmentleerungen. Durchfall stellte sich nur bei zwei Vergifteten ein. Bei den anderen steigerten sich die Schwindelanfälle und übrigen Krankheitserscheinungen. Die Gleichgewichtsstörungen gingen so weit, daß die Erkrankten wie betrunken umhertaumelten. Einige wurden daher von Bekannten und selbst von den eigenen Familienangehörigen verlacht und verspottet, bis sie plötzlich leblos am Boden lagen und ihr Körper in krampfartigen Bewegungen zu zucken und beben begann. Das steigerte sich bei einigen derart, daß sie wie toll um sich schlugen und Leib und Brust mit den Fäusten bearbeiteten. Eine Frau wütete und tobte im Krankenwagen so sehr, daß sie darin die Bettwäsche zerriß. Dann wurden ihr die Glieder steif und starr, sie konnte nur mehr ein krampfhaftes Lallen von sich geben und ließ nahezu zwei Stunden lang Wasser unter sich (John 1935).

Muscarin in Rißpilzen und Trichterlingen

Ähnliche Symptome wie beim Pantherpilz können auch bei einer Vergiftung durch den Fliegenpilz auftreten, auf den in Kap. 6 noch ausführlich eingegangen wird (Abb. 7). Lange Zeit galt der Fliegenpilz auch als Verursacher der sogenannten Muscarinvergiftung, bis man herausfand, daß er dieses Gift nur in sehr geringen Mengen (0,0002 bis 0,0016%) enthält, während sich beispielsweise beim Ziegelroten Rißpilz *(Inocybe patouillardi)* eine bis zu 360mal höhere Menge nachweisen läßt. Da es sich beim Muscarin um ein Nervengift handelt, treten die typischen Symptome – kalter Schweiß, Übelkeit, Pupillenverengung, Sehstörungen, niedriger Blutdruck, langsamer Puls, Atemnot, Bauchkoliken und Erbrechen – zumeist schon sehr schnell (wenige Minuten bis 2 Stunden) nach dem Genuß der Pilze auf.

Abb. 7. Der Fliegenpilz *(Amanita muscarina)* ist sicher der bekannteste aller Giftpilze.

Die Vergiftungssymptome sind darauf zurückzuführen, daß das Muscarin eine große strukturelle Ähnlichkeit mit Azetylcholin hat, einer Substanz, die der menschliche Körper zur Übertragung der Impulse zwischen einzelnen Nervenzellen beziehungsweise zwischen Nervenzellen und Muskel- oder Drüsenzellen benutzt. Ißt man nun giftige Rißpilze, befinden sich plötzlich große Mengen des azetylcholinähnlichen Stoffes im Körper, so daß es zu Nerven- oder Drüsenreizungen kommt, für die in Wahrheit kein äußerer Anlaß besteht. Erschwerend kommt hinzu, daß Muscarin – im Gegensatz zum Azetylcholin – nicht durch körpereigene Enzyme abgebaut werden kann, so daß es Dauererregungen z. B. im Bereich des Darmes oder der Schweißdrüsen verursacht. Die Folge sind Krämpfe und ständige Schweißausbrüche. Unter Umständen kann es durch diese Überfunktionen sogar zu einem Lungenödem oder zu Herzversagen kommen.

Muscarinvergiftungen werden durch zahlreiche Rißpilze *(Inocybe)* und Trichterlinge *(Clitocybe)* verursacht. Besonders häufig sind Unfälle darauf zurückzuführen, daß der ungiftige Mairitterling *(Calocybe gambossa)* und der Ziegelrote Rißpilz verwechselt werden.

Die Orellanine der Haarschleierlinge

Im Gegensatz zur Muscarinvergiftung haben Intoxikationen, die durch den Orangefuchsigen Hautkopf *(Cortinarius orellanus)* und einige andere Haarschleierlinge verursacht werden, eine ungewöhnlich lange Latenzzeit. Hier treten die ersten Beschwerden häufig erst nach 8 bis 14 Tagen auf und werden dann natürlich kaum noch mit der weit zurückliegenden Pilzmahlzeit in Verbindung gebracht. Lange Zeit galten Haarschleierlinge sogar als harmlos. Erst als 1952 in Polen bei einer Massenvergiftung durch den Orangefuchsigen Hautkopf mehr als 100 Menschen erkrankten, von denen elf starben, beschäftigte man sich näher mit diesen Pilzen. Heute weiß man, daß Haarschleierlinge eine Reihe von Giften enthalten, die unter dem Sammelbegriff »Orellanine« geführt werden. Sie können im extremen Vergiftungsfall schwere Nierenschäden hervorrufen, so daß häufig der Einsatz einer künstlichen Niere oder gar eine Nierentransplantation erforderlich wird.

Magen-Darm-Gifte

Neben den schwere Vergiftungen verursachenden Arten gibt es aber auch eine Reihe von Giftpilzen, deren Genuß weniger dramatische Folgen hat. Das gilt insbesondere für solche Pilze, die eine sogenannte gastrointestinale Intoxikation verursachen, also eine durch den Verzehr von Pilzen hervorgerufene Störung des Verdauungstraktes. Die Latenzzeit ist bei Vergiftungen dieser Art normalerweise recht kurz, so daß häufig schon nach 15 Minuten die ersten Brechdurchfälle einsetzen, die 1 bis 2 Tage anhalten können. Begleiterscheinungen sind oft Angstzustände, starker Speichelfluß und Schweißausbrüche. Bei schwereren Vergiftungen kommt es manchmal auch zu Muskelkrämpfen oder Kreislaufstörungen.

Obwohl diese Form der Vergiftung zweifellos zu den häufigsten gehört, ist über die chemische Struktur der dafür verantwortlichen Gifte praktisch nichts bekannt. Vermutlich handelt es sich um eine Reihe verschiedener Toxine, die alle eine ähnliche Wirkung haben.

Verursacher des gastrointestinalen Pilzsyndroms sind einige Arten der

Täublinge *(Russula)*,
Milchlinge *(Lactarius)*,
Schleierlinge *(Cortinarius)*,
Rötlinge *(Entoloma)*,
Ritterlinge *(Tricholoma)* und
Saftlinge *(Hygrocybe)*, aber auch
der Karbol-Egerling *(Agaricus xanthodermus)*,
ein Verwandter des Wiesenchampignons *(Agaricus campestris)*, dem er auch recht ähnlich sieht,
oder der
Satanspilz *(Boletus satanas)*, der in dieselbe Gattung gehört wie der Steinpilz *(Boletus edulis)*.

Eine Reihe weiterer Pilze gilt als verdächtig, ein gastrointestinales Pilzsyndrom hervorzurufen, so daß dieser Liste in Zukunft sicher weitere Arten hinzugefügt werden müssen.

Allerdings muß nicht jede Übelkeit oder jedes Erbrechen nach einer Pilzmahlzeit auf giftige Pilze zurückzuführen sein. Oft ist ein übermäßiger Genuß oder schlechtes Kauen die Ursache für auftretende Verdauungsbeschwerden. Außerdem gibt es Menschen, denen ein bestimmtes Enzym, die Trehalose, im Magensaft fehlt, so daß es dem Körper nicht möglich ist, Trehalosezucker, den Pilze in erheblichen Mengen enthalten, abzubauen. Daher führt der Pilzgenuß bei diesen Menschen gleichfalls zu Beschwerden im Verdauungstrakt.

Aldehydvergiftung durch Tintlinge

Eine ganz andere Art der Unverträglichkeit kann dagegen beim Genuß von Tintlingen *(Coprinus)* in Verbindung mit Alkohol auftreten (Abb. 8). Dabei kommt es bereits wenige Minuten nach dem Alkoholgenuß zu einer

Abb. 8. Der Schopftintling *(Coprinus comatus)* sollte nie in Verbindung mit Alkohol verzehrt werden.

deutlichen Rötung der Haut hauptsächlich im Bereich des Gesichtes, des Halses und der Brust. Weitere Symptome sind ein starkes Hitzegefühl, Schweißausbrüche, Schwindel, Atemnot, Angstzustände, Herzrhythmusstörungen und ein Absinken des Blutdrucks bis hin zu einem Kollaps.

Diese zunächst ungewöhnlich erscheinende Reaktion des Körpers läßt sich jedoch relativ leicht erklären: Der Grund ist eine sogenannte Aldehydvergiftung. Sie kommt dadurch zustande, daß das Gift dieser Pilze, das Coprin, den Alkoholabbau nicht – wie unter normalen Umständen – bis zur Essigsäure zuläßt, sondern ihn auf der Stufe des Azetaldehyds unterbricht. Bekannt ist dieses Phänomen auch als Antabusreaktion. Der Begriff »Antabus« geht auf ein Medikament zurück, das bei Alkoholentziehungskuren zur Anwendung kommt, und dabei vergleichbare Symptome hervorruft. Auch der »Kater« am Morgen danach ist auf Aldehyde zurückzuführen, die noch nicht vollständig abgebaut wurden.

In einem bekanntgewordenen Fall waren sogar Kühe von dieser Art Vergiftung betroffen. Sie hatten zusammen mit ihrem Grünfutter Falten-Tintlinge *(Coprinus atramentarius)* gefressen und davon starke Blähungen bekommen. Daraufhin griff der Bauer zu einem altbewährten Hausmittel: Er verabreichte den Tieren selbstgebranntes Kirschwasser und tat damit genau das Falsche. Die Kühe bekamen eine Aldehydvergiftung und mußten notgeschlachtet werden.

Giftanreicherung durch Pilze

Körperliche Schäden kann man sich aber nicht nur mit Giften zufügen, die von den Pilzen selbst produziert werden, sondern auch mit Substanzen, die diese aus der Umgebung aufnehmen. Hier sind besonders einige Schwermetalle zu nennen, die von vielen Speisepilzen im Gegensatz zu den meisten Pflanzen und Tieren nicht nur passiv eingelagert, sondern regelrecht angereichert werden. Die Fähigkeit zu einer solchen Akkumulation ist artspezifisch und kann im Extremfall bis zu 300fach erhöhte Konzentrationen erreichen.

Dies gilt besonders für das sehr gesundheitsschädliche und vermutlich auch krebserregende Cadmium, das in der Industrie hauptsächlich als rostschützender Metallüberzug und in Legierungen verwendet wird. Schon bei einer einzigen Mahlzeit, beispielsweise aus Exemplaren des Großsporigen Riesenchampignons *(Agaricus macrocarpus)*, der zu den stark anreichernden Arten gehört, kann der von der Weltgesundheitsbehörde empfohlene Grenzwert von 0,5 Milligramm Cadmiumaufnahme pro Woche um das Zehnfache überschritten sein. Ein häufiger Genuß derart belasteter Pilze führt zwangsläufig zu einer Akkumulation im Körper und damit irgendwann zu Magen-, Darm-, Leber-, Nieren- oder Knochenschädigungen.

Pilze können auch durch Blei, Quecksilber und andere Schwermetalle vergiftet sein, so daß man an besonders belasteten Standorten wie Müllverbrennungsanlagen oder Metallhütten auf das Sammeln verzichten sollte.

Vor der Anreicherung radioaktiver Substanzen durch viele Pilze muß ebenfalls gewarnt werden. Vornehmlich bedingt durch die zumeist große Ausdehnung ihres Myzels und die relativ hohen Stoffwechselraten, können einige Arten eine starke Strahlenbelastung aufweisen. Das wurde nach dem Reaktorunfall von Tschernobyl im April 1986 deutlich, als in bestimmten Pilzen stark erhöhte Konzentrationen der Radionuklide ^{131}Jod, ^{134}Cäsium und ^{137}Cäsium festgestellt wurden. Wegen der kurzen Halbwertszeiten (8 Tage beim ^{131}Jod; 2 Jahre beim ^{134}Cäsium) spielen die beiden erstgenannten Substanzen inzwischen keine Rolle mehr. ^{137}Cäsium hat dagegen eine Halbwertszeit von 30 Jahren und wird unsere Umwelt noch sehr lange belasten. Allerdings gehen die meisten Experten davon aus, daß Speisepilze – sofern sie in Maßen genossen werden – nach der Katastrophe von Tschernobyl inzwischen kein besonderes Gesundheitsrisiko mehr darstellen.

Gefährliche Gutgläubigkeit

Abschließend soll an dieser Stelle noch auf ein ernsthaftes Problem in der Pilzliteratur hingewiesen werden, das von vielen Pilzsammlern häufig übersehen wird – mit möglicherweise unabsehbaren Folgen. Gemeint ist die unterschiedliche Einschätzung der Giftigkeit bestimmter Pilze in verschiedenen Pilzbüchern.

Als Beispiel kann hier die Frühjahrslorchel *(Gyromitra esculenta)* gelten, ein Pilz, der lange als eßbar galt und in vielen Pilzführern immer noch nicht deutlich genug als außerordentlich gefährlich gekennzeichnet ist. Dabei endeten von den 600 der in fast 2 Jahrhunderten bekanntgewordenen Vergiftungen durch die Frühjahrslorchel immerhin 20% tödlich.

Die Unsicherheit im Zusammenhang mit der Genießbarkeit dieses Pilzes kommt schon in der unterschiedlichen Namensgebung zum Ausdruck, denn der Pilz heißt nicht nur Frühjahrslorchel, sondern sowohl Gift- als auch Speiselorchel. Die wissenschaftliche Bezeichnung *esculenta* (lat. »esculentus« = eßbar) trägt ebenfalls zur Verwirrung bei.

Dabei ist inzwischen nicht nur nachgewiesen, daß dieser Pilz ein Gift namens Gyromitrin enthält, das starke Schädigungen des Nervensystems oder der Leber hervorrufen kann, sondern auch, daß die Überlebenschancen bei schweren Gyromitrinvergiftungen kaum günstiger sind als bei Vergiftungen mit dem Grünen Knollenblätterpilz. Diese Tatsache kommt in vielen Bestimmungsbüchern aber immer noch nicht genügend zum Ausdruck. Zwar wird der Genuß der Frühjahrslorcheln in der neueren Literatur nicht mehr direkt angeraten – auch der Verkauf dieser Pilze ist inzwischen gesetzlich untersagt –, aber man würde sich in einigen Fällen einen deutlicheren Hinweis auf die Gefährlichkeit dieses Pilzes wünschen und nicht Ausführungen wie: »... junge Fruchtkörper [sind] eßbar« (Svrcek 1987) oder »Es ist immer noch umstritten, ob die Frühjahrslorchel eßbar ist oder nicht« (Cetto 1988).

Daß die Giftigkeit der Frühjahrslorchel so umstritten ist, hat verschiedene Gründe: Zunächst einmal scheint der Gehalt an Gyromitrin bei einzelnen Exemplaren recht unterschiedlich zu sein. Bei Untersuchungen konnte festgestellt werden, daß einige Pilze fünf- bis sechsmal mehr Gift enthielten als andere. Außerdem ist Gyromitrin in Wasser löslich, so daß bei der Zubereitung ein Teil des Giftes eliminiert wird.

> Abkochen ist aber keine absolut verläßliche Methode, um Gyromitrin vollständig zu entfernen!

Zu weiteren Schwankungen kommt es dadurch, daß das Gift eine sehr flüchtige Substanz ist. Vermutlich entweicht daher auch beim Trocknen der Pilze ein Teil. Durch Monomethylhydrazin, ein Abbauprodukt des Gyromitrins, soll es in Pilzkonservenfabriken sogar schon zu Vergiftungen von Arbeitern gekommen sein, die diesen flüchtigen Stoff eingeatmet hatten.

> Allerdings gibt es keine Gewähr für die Entgiftung der Frühjahrslorchel durch Trocknen!

Wem der Appetit auf diese Pilze bisher noch nicht vergangen ist, dem sei gesagt, daß sich das Gyromitrin bei mehrfachem, aufeinanderfolgendem Genuß der Frühjahrslorchel im Körper anreichern kann, und daß einige Abbauprodukte des Giftes, die bei der Verdauung im Darm entstehen, als stark krebserregend gelten. Es muß daher also sehr eindringlich davon abgeraten werden, Pilzarten zu essen, von denen es heißt, ihre Giftigkeit sei umstritten.

Dies gilt im übrigen auch für den Kahlen Krempling *(Paxillus involutus)*, dessen Gefährlichkeit von vielen Pilzsammlern ebenfalls angezweifelt wird. Nach dem Genuß dieses Pilzes kann es nicht nur zu Erbrechen, Durchfall und Bauchkoliken kommen, sondern auch zu gefährlichen Nierenschäden. Besonders heimtückisch ist die Langzeitwirkung bei wiederholtem Genuß, da der Kahle Krempling eine Substanz enthält, die der Körper als fremdartig einstuft, so daß er zur Abwehr Antikörper bildet. Deren Anzahl nimmt bei jeder weiteren Mahlzeit zu, bis es dann irgendwann zu einem Zerfall der roten Blutkörperchen kommt.

Daher kann vor dem Genuß des Kahlen Kremplings nur ausdrücklich gewarnt werden!

Eine sichere Pilzbestimmung ist nicht immer einfach. So werden für eine genaue Diagnose häufig Sporenmerkmale benötigt, und dazu ist nicht nur ein Mikroskop erforderlich, sondern zumeist auch sehr viel Erfahrung. Aus diesem Grunde sollte man im Zweifelsfall immer die Hilfe eines Fachmanns in Anspruch nehmen, also beispielsweise eine Pilzberatungsstelle aufsuchen. Solche Beratungsstellen werden im Spätsommer und Herbst in vielen Städten und Gemeinden eingerichtet. Oberstes Gebot ist und bleibt aber für alle Pilzliebhaberinnen und Pilzliebhaber: Gib Pilzgiften keine Chance! Also bei unsicherer Pilzbestimmung lieber »Nein!« sagen.

4 Ein weiterer Fluch der Pharaonen

Der Aberglaube ist die Poesie des Lebens.
Johann Wolfgang von Goethe

Mit den bisher behandelten Giftpilzen ist die Reihe derer, die Mensch und Tier überaus gefährlich werden können, aber noch lange nicht erschöpft. Vielmehr existieren neben den auffälligen Großpilzen noch unzählige winzige pilzliche Organismen, die in der einschlägigen Literatur aber zumeist wenig beachtet werden. Gemeint sind Schimmelpilze, jene schwarzen, grünen, grauen oder weißen Überzüge, die wohl jeder schon einmal auf älteren Lebensmitteln gesehen hat, und unter denen es Arten gibt, die Gifte produzieren, die bereits in geringen Mengen außerordentlich wirksam sind.

Schimmelpilze waren schon unseren Vorfahren als Lebensmittelverderber gut bekannt, denn bereits im Althochdeutschen gibt es das Wort »scimabalag« (kahmig werden), aus dem später »schimel« und im Neuhochdeutschen »Schimmel« wurde. Heute bezeichnet man mit Schimmel nicht etwa eine bestimmte taxonomische Pilzgruppe, sondern Arten, die auf bestimmten Substraten, häufig Nahrungsmitteln, einen watteartigen Myzelüberzug bilden.

Wo feuchte Bedingungen herrschen, wachsen Schimmelpilze besonders gut. Daher finden wir sie oft auf Lebensmitteln des täglichen Bedarfs, die wir normalerweise so aufbewahren, daß ein Austrocknen verhindert wird.

Für den Befall reicht es oft aus, wenn ein einziger Keim auf einen geeigneten Nährboden fällt, denn viele dieser kleinen Pilze vermehren sich durch Konidien, benötigen also keinen »andersgeschlechtlichen« Partner (vgl. Kap. 1). Dadurch ist es ihnen möglich, sich in relativ kurzer Zeit auf dem Substrat auszubreiten, so daß z. B. ein Brotlaib sehr schnell von einem dichten Rasen aus Schimmelpilzen überzogen sein kann. Einige Arten, wie der zu den Zygomyceten gehörende Pilz *Rhizopus stolonifer*, beschleunigen diesen Vorgang noch dadurch, daß sie lange Laufhyphen bilden, die man etwa mit den Ausläufern der Erdbeeren vergleichen kann.

Zu den Nahrungsmitteln, die besonders häufig von Schimmelpilzen befallen werden, gehören:

Roggen-, Weizen- und Maisprodukte,
Reis,
Sojabohnen,
Mandeln,
Erd-, Hasel- und Walnüsse,
Milchprodukte,
Eier,
Leber und Niere,
verschiedene Säfte und Wein.

Glücklicherweise löst die äußerliche Veränderung der Lebensmittel durch Schimmelpilze bei den meisten Menschen eine so starke Abscheu aus, daß sie die verdorbenen Eßwaren wegwerfen. Dieser Umstand ist insofern bedeutungsvoll, als es häufig *nicht* ausreicht, ein befallenes Nahrungsmittel vom Schimmel zu säubern. Denn nicht die Pilze selbst sind giftig, sondern bestimmte Stoffwechselprodukte, sogenannte Mykotoxine (Schimmelpilzgifte), die an die Umgebung abgegeben werden. Sie können bei der Entdeckung der verschimmelten Stelle bereits weit in das Lebensmittel hineindiffundiert sein, so daß der beabsichtigte Effekt, die Schadstoffe zu entfernen, nicht erreicht wird.

Allerdings kann man diesbezüglich nicht alle Lebensmittel über einen Kamm scheren. Vielmehr soll nach vorliegenden Untersuchungen verschimmeltes Brot durchaus noch genießbar sein, wenn man die schimmelige Stelle großzügig herausschneidet, weil sich die Giftstoffe in dem mit unzähligen Hohlräumen ausgestatteten Nahrungsmittel nicht gut ausbreiten können. Ähnliches gilt auch für Äpfel, aber beispielsweise nicht für die sehr viel saftigeren Pfirsiche, Pflaumen, Birnen oder Tomaten, bei denen sich die Schadstoffe mit der Flüssigkeit auch in weiter entfernte Bereiche ausdehnen können (Farbabb. 8).

Da man als Laie nur schwer unterscheiden kann, ob der auf einem Nahrungsmittel wachsende Schimmelpilz gefährlich ist oder nicht, sollte man bei Verwendung von verschimmelten Lebensmitteln in jedem Fall eine gewisse Vorsicht walten lassen. Mykotoxine sind zumeist niedermolekulare, aromatische Substanzen, die sich in der Regel weder durch Kochen zerstören lassen noch eine Immunreaktion hervorrufen, so daß auch die körpereigenen Abwehrmechanismen nicht wirksam werden können.

Gefährlich sind diese Gifte aber auch, wenn sie über Umwege aufgenommen werden. Häufig geschieht das durch tierische Nahrungsmittel, denn Haustiere bauen einmal einverleibte Mykotoxine nur sehr schlecht ab. Wurde also Schlachtvieh unbeabsichtigt oder aus Gewinnsucht mit verunreinigtem Futter gemästet, kann sich das Gift in ihrem Fleisch stark angereichert haben und so unbemerkt auch in den menschlichen Körper gelangen.

Entgiftungsverfahren für verunreinigte Futtermittel sind bisher die absolute Ausnahme, nicht zuletzt deswegen, weil schon der Nachweis vieler Mykotoxine außerordentlich schwierig ist. Daher wird in der Regel versucht, die Futtermittel so zu verarbeiten und zu lagern, daß ungünstige Bedingungen für das Wachstum von Pilzen vorherrschen. Auch gibt es seit Ende der 70er Jahre Verordnungen der Gesundheitsbehörden, in denen die duldbare Höchstbelastung durch bestimmte Mykotoxine in Lebens- und Futtermitteln festgeschrieben ist, so daß bei Beachtung der Richtlinien eine Gefährdung des Verbrauchers weitgehend ausgeschlossen ist.

Massenvergiftungen durch Mykotoxine

Trotz ihres zumeist ekelerregenden äußeren Erscheinungsbildes hat es in der Vergangenheit immer wieder Massenvergiftungen durch Schimmelpilze gegeben, besonders dann, wenn den Menschen nicht ausreichend hochwertige Nahrungsmittel zur Verfügung standen. Regelrechte Katastrophen ereigneten sich in den 40er Jahren dieses Jahrhunderts in Rußland, wo die Menschen Getreide gegessen hatten, das den Winter über unter Schnee begraben gewesen war. Durch diese für die meisten Schimmelpilze idealen feuchten Bedingungen waren nahezu alle Getreidekörner befallen worden, so daß sich Tausende von Menschen vergifteten, von denen viele starben. Verantwortlich war dafür vermutlich ein T-2 genanntes Toxin, das von Schimmelpilzen der Gattungen *Fusarium* oder *Trichoderma* gebildet wird. Auch bei Haustieren kommen Vergiftungen mit diesem Toxin von Zeit zu Zeit vor. Die Tiere sind dann häufig matt, zeigen einen schwankenden Gang und verweigern die Nahrungsaufnahme. In der Folge sterben viele von ihnen.

Weltweites Aufsehen erregte der Ausbruch der sogenannten »Turkey-X-Disease«, einer Krankheit, der

1960 in England über 100000 junge Truthähne zum Opfer fielen und fast zur gleichen Zeit in den USA über 1 Million Zuchtforellen. Aufgerüttelt durch diese beträchtlichen wirtschaftlichen Schäden, begann man nach der Ursache der geheimnisvollen Seuche zu fahnden und wurde schon bald fündig. Der Grund waren aus Brasilien stammende, proteinreiche Preßrückstände von Erdnußöl, die man Futtermitteln beigemengt hatte. Diese Rückstände waren während ihrer Lagerung von dem Pilz *Aspergillus flavus* befallen worden, und der hatte ein Gift produziert, das den Tod der unzähligen Tiere hervorrief. In Anlehnung an den Namen des »verantwortlichen« Pilzes (*A. flavus*) wurde diese Substanz Aflatoxin genannt.

Inzwischen weiß man eine ganze Menge über dieses Mykotoxin: So stellt er nicht nur ein tödliches Gift dar, sondern ist außerdem bereits in sehr geringen Konzentrationen stark krebserregend. Tatsächlich handelt es sich sogar um das stärkste, von lebenden Organismen produzierte Karzinogen, das man mit der Nahrung aufnehmen kann. Wie sich in Tierversuchen mit Ratten gezeigt hat, reicht eine Menge von 10 Mikrogramm Aflatoxin pro Kilogramm Körpergewicht aus, um Krebs hervorzurufen. Ähnliches gilt für andere Wirbeltiere und vermutlich auch für den Menschen.

Aspergillus flavus ist ein außerordentlich anspruchsloser Pilz. Er wächst praktisch auf allen Lebensmitteln, gleichgültig ob es sich um Früchte, Getreide, Fleisch (selbst gesalzener und geräucherter Schinken bleibt nicht verschont) oder um Obstsäfte handelt. Die tödliche Dosis wird für den Menschen auf 1 bis 10 Milligramm pro Kilogramm Körpergewicht geschätzt; zur Erhöhung des Krebsrisikos sind, wie schon erwähnt, vermutlich weitaus geringere Mengen notwendig.

Der Fluch der Pharaonen

Aufgrund ihrer gesundheitsschädigenden Eigenschaften werden Schimmelpilze aus der Gattung *Aspergillus* auch mit dem sogenannten »Fluch der Pharaonen« in Verbindung gebracht. Diese geheimnisvolle Verwünschung, die unter den Ausgräbern von Pharaonengräbern angeblich bereits mindestens drei Dutzend Opfer gefordert haben soll, beschäftigt die Phantasie der Menschen schon seit der Entdeckung des Grabes Tutenchamuns durch Howard Carter 1922. Damals soll in der Vorkammer dieser Begräbnisstätte eine kleine Tontafel gefunden worden sein, deren Inschrift lautete: »Der Tod wird den mit seinen Schwingen erschlagen, der die Ruhe des Pharaos stört.« Im Gegensatz zu den anderen Gegenständen, die man dort ans Tageslicht brachte, wurde sie allerdings nie fotografiert und ist, wie es sich für eine solche Geschichte wohl gehört, inzwischen auch verschollen. Als kurz darauf 13 der insgesamt 20 Mitarbeiter, die an dieser Ausgrabung beteiligt waren, auf teilweise mysteriöse Art und Weise ums Leben kamen, begannen die wildesten Theorien zu kursieren. So gab es Vermutungen, die Pharaonengräber seien von ihren Erbauern beispielsweise durch Nervengifte, krankheitserregende Bakterien, radioaktive Substanzen oder eine Akkumulierung kosmischer Strahlen, die man angeblich durch die Form der Pyramiden erreichte, geschützt worden.

Anfang der 60er Jahre fügte der ägyptische Mediziner und Biologe Ezzeddin Taha von der Universität Kairo den zahlreichen Spekulationen eine neue Variante hinzu. Er hatte über einen längeren Zeitraum Archäologen und Museumsmitarbeiter untersucht und bei diesen eine ganze Reihe pilzlicher Krankheitserreger diagnostiziert, darunter auch *Aspergillus*-Arten.

»Diese Entdeckung«, erklärte Dr. Taha, »hat ein für allemal den Aberglauben zerstört, daß die in antiken Gräbern arbeitenden Forscher durch eine Art Verwünschung den Tod fanden. Die Wissenschaftler wurden das Opfer von Krankheitserregern, mit denen sie bei der Arbeit in Berührung kamen. Zwar glaubt auch heute noch mancher, daß dem Fluch der Pharaonen übernatürliche Kräfte zuzuschreiben seien, aber das gehört in das Reich der Märchen« (Vandenberg 1988).

Tatsächlich lassen sich in ägyptischen Grabkammern häufig Pilzsporen nachweisen, was nicht weiter verwunderlich ist, da man den toten Pharaonen Lebensmittel für ihre Reise ins Jenseits mitgab, auf denen Schimmelpilze bekanntlich gut wachsen. Außerdem können Pilzsporen durchaus sehr lange Zeiträume in einer Art Ruhestadium überdauern, so daß diese Theorie nicht ohne weiteres von der Hand zu weisen war. Taha konnte diese Spur allerdings nicht weiter verfolgen, denn kurze Zeit nach der Bekanntgabe seiner Vermutungen war er selbst nicht mehr am Leben.

Es geschah auf der Wüstenstraße Kairo/Suez. Der schwarze Asphaltstreifen verläuft schnurgerade durch die trostlose ockerfarbene Wüstenlandschaft. Auf dieser Wüstenstraße herrscht wenig Verkehr. Wenn sich zwei Autos begegnen, winkt man sich freundlich zu ... Etwa 70 Kilometer nördlich von Kairo passierte es: Tahas Wagen scherte auf der völlig geraden Straße plötzlich in einem Bogen nach links aus – genau auf ein entgegenkommendes Auto zu. Es kam zum Zusammenstoß. Taha und seine beiden Mitarbeiter waren auf der Stelle tot, die Insassen des anderen Fahrzeugs wurden schwer verletzt (Vandenberg 1988).

Der Fluch der Pharaonen hatte ganz augenscheinlich ein weiteres Opfer gefordert.

Unterstützung erfuhr Tahas Theorie durch eine Untersuchung, die 1973 in Krakau stattfand. Kurze Zeit nachdem die Gruft des Jagiellonenkönigs Kasimir IV. (1427–1492) und seiner Frau Elisabeth von Habsburg (1437–1505) geöffnet worden war, um den Zustand der Mumien zu überprüfen, starben zwölf Personen, die an dieser Aktion beteiligt gewesen waren, unter rätselhaften Umständen. Als man daraufhin die in der Grabkammer vorhandenen Mikroorganismen isolierte, fand man neben einigen Bakterienarten auch verschiedene *Aspergillus*-Arten, darunter *Aspergillus flavus*.

Es ist daher also nicht auszuschließen, daß auch der Tod einiger Ausgräber der letzten Ruhestätte Tutenchamuns durch Schimmelpilze verursacht wurde, denn es gibt eine Reihe von Giften, die dafür in Frage kommen. So kennt man bis heute etwa 150 unterschiedliche Mykotoxine, die von ungefähr 200 verschiedenen Schimmelpilzarten gebildet werden und deren chemische Struktur ebenso variabel ist wie ihre Wirkung. Viele dieser Substanzen gelten als kanzerogen, andere fungieren als Zell- oder Nervengifte, beeinflussen die Funktion des Immunsystems oder können, zumindest bei Tieren, zu Wachstumsstörungen oder zu Unfruchtbarkeit führen. Hühner, deren Futter geringe Mengen des Schimmelpilzgiftes Ochratoxin enthielt, legten beispielsweise 1 Jahr lang keine Eier mehr.

Pilzasthma

Es gibt aber auch noch andere durch Schimmelpilze ausgelöste Krankheiten. Werden Konidien in größeren Mengen eingeatmet, beispielsweise bei der Arbeit mit verschimmeltem Heu, bei der Tätigkeit in einem Bergwerk, in dem *Aspergillus*-Arten in großen Mengen auf dem feuchten Grubenholz wachsen, oder auch beim Ausladen von Schiffen, die teilweise verschimmelte Nahrungsmittel, etwa Bananen, transportieren, kann es – besonders bei Menschen mit geschwächtem Immunsystem – zu einer Pneumonie kommen. Die Hyphen des Pilzes dringen in das Lungengewebe ein. Die Folge ist zumeist ein trockener, blutiger Husten verbunden mit zunehmender Ateminsuffizienz. Nicht selten endet eine solche Mykose mit dem Tod. Daher ist es also nicht auszuschließen, daß tatsächlich Schimmelpilze für das plötzliche Ableben von einigen der Ausgräber der ägyptischen Grabstätten verantwortlich sind, was sich aber vermutlich ebensowenig beweisen lassen wird wie die so viel spektakulärere Geschichte mit dem Fluch.

Phototoxine verursachen Hautkrebs

Eine ganz andere Art der Schädigung wird dagegen von einem Schimmelpilz mit dem wissenschaftlichen Namen *Sclerotina sclerotiorum* verursacht. Man findet ihn häufig an feuchten Kellerwänden, von wo er leicht auf eingelagertes Wurzelgemüse übergreift, z. B. auf Möhren und Gurken. Besonders auffällig ist ein solcher Befall bei Sellerieknollen, auf denen sich bald darauf ein ziegelroter Belag bildet. Für den Menschen sind in diesem Fall aber nicht die Pilze selbst oder eines ihrer Stoffwechselprodukte gefährlich, sondern sogenannte Phototoxine, die die Pflanzenknollen als Reaktion auf den Pilzbefall produzieren. Kommt die menschliche Haut mit ihnen in Berührung, wird sie außerordentlich sensibel gegenüber der ultravioletten Strahlung der Sonne. Als Folge treten oft starke Entzündungen der betroffenen Partien auf – eine

Erkrankung, die früher bei Landarbeitern, die häufig Mieten ausräumen mußten, weit verbreitet war. Daneben kann auch ein erhöhtes Hautkrebsrisiko nicht ausgeschlossen werden, da, wie seit Beginn der Diskussion um das Ozonloch über der Antarktis jeder weiß, mit einer verstärkten Absorption von UV-Strahlen auch eine Schädigung des Erbgutes einhergehen kann – oft mit fatalen gesundheitlichen Folgen.

5 Das Fleisch Gottes – Schamanen- und Kultpilze

> *Ich erlebte kurze Momente der Verwirrung oder leichte Zustände nicht-alltäglicher Wirklichkeit. Ein Element der halluzinogenen Erfahrung mit Pilzen tauchte immer wieder in meinen Gedanken auf: die weiche dunkle Masse der Nadellöcher. Ich sah sie immer wieder als eine Fett- oder Ölblase, die mich in ihre Mitte zu ziehen begann ... Als Resultat stellten sich Momente tiefer Erregung, Angst und Unbehagen ein, und ich bemühte mich angestrengt, die Beobachtungen zu beenden, sobald sie begannen.*
> Carlos Castaneda in
> *Die Lehren des Don Juan*

Ende der 60er Jahre geriet ein Großteil der jüngeren Generation der westlichen Welt unversehens in eine Art Aufbruchstimmung. Bürgerliche Tabus wurden beiseite geschoben. Man wandte sich von der Leistungs- und Wohlstandsgesellschaft ab, pfiff auf die Karriere, kleidete sich in wallende Gewänder, trug Blumen im Haar und propagierte im Namen der sogenannten Hippiebewegung eine friedvolle Gemeinschaft, in der Liebe, Musik, aber auch Rauschmittel einen zentralen Platz einnehmen sollten.

Diese Entwicklung bekamen auch einige schottische Familien zu spüren, deren Sprößlinge sich plötzlich derart seltsam benahmen, daß die besorgten Eltern keinen anderen Ausweg mehr sahen, als die Jugendlichen in eine Klinik einliefern zu lassen. Dort stellten die Ärzte sehr schnell fest, daß die Teenager unter Drogeneinfluß standen. Allerdings hatten sie überraschenderweise nicht etwa Marihuana, Kokain oder ein anderes bekanntes Rauschgift konsumiert, sondern Pilze gegessen. Genaugenommen war es eine bestimmte Pilzart gewesen, nämlich der Spitzkegelige Kahlkopf (*Psilocybe semilanceata*), von dem einige der Jugendlichen bis zu 100 Exemplare in sich hineingeschlungen hatten.

Natürlich wollten die besorgten Eltern wissen, wie ihr mißratener Nachwuchs auf diese seltsame Idee gekommen war. Es dauerte nicht lange, bis man zur allgemeinen Verwunderung herausfand, daß die Teenager eigentlich nur eine uralte Kulthandlung wiederholten, die Menschen schon vor Jahrtausenden – wenn auch auf einem ganz anderen Kontinent – regelmäßig durchgeführt haben.

Daß die schottischen Jugendlichen von diesem ungewöhnlichen Brauch Kenntnis bekommen hatten, der schließlich in keinem Geschichtsbuch nachzulesen war, lag in erster Linie an dem begeisterten Amateurforscher Gordon Wasson, einem amerikanischen Bankier im Ruhestand, und seiner Ehefrau Valentina, einer Kinderärztin. Das Hauptinteresse der Wassons galt den untergegangenen indianischen Hochkulturen Mittelamerikas, wobei sie besonders von sehr typisch geformten Steinfiguren fasziniert waren, die man in größerer Zahl bei Ausgrabungen in Guatemala gefunden hatte (Abb. 9). Nach Ansicht der Archäologen handelte es sich bei den Steinfiguren um in grauer Vorzeit von den Maya gefertigte Phallussymbole.

Das Ehepaar Wasson vertrat allerdings eine andere Theorie: »Ich erinnere mich nicht, wer von uns, meine Frau oder ich, sich damals in den 40er Jahren zuerst getraute, die Vermutung in Worte zu fassen, daß unsere entfernten Vorfahren vor vielleicht 4000 Jahren einen göttlichen Pilz anbeteten«, sagte Gordon Wasson später auf ei-

Abb. 9. In Mittelamerika ausgegrabene Steinskulpturen lassen die Vermutung zu, daß die indianischen Völker dieser Region vor über 2000 Jahren heilige Pilze verehrten. Insgesamt wurden über 200 solcher »Pilzsteine« gefunden, darunter auch die beiden hier skizzierten.

nem Treffen der Mykologischen Gesellschaft von Amerika, aber auf jeden Fall hatte sich in den Köpfen des Amateurfoscherehepaares die These festgesetzt, es habe einst in Mittelamerika eine Art Pilzkult gegeben.

Erste Hinweise für die Richtigkeit ihrer These fanden die Wassons nach einigem Suchen in Berichten aus der Zeit der spanischen Eroberungen auf dem neuen Kontinent. In den alten Schriften wurde nicht nur ein Pilz mit dem indianischen Namen »teo-nanacatl« erwähnt, was übersetzt soviel wie »Fleisch Gottes« bedeutet, sondern es gab sogar Schilderungen über den Gebrauch dieses Pilzes. Eine solche Darstellung stammt aus der *Historia de los Indios de la Nueva España*, die der spanische Geistliche Toribio del Benaventes 1569 verfaßte:

> Als erstes aß man während des Festes kleine schwarze Pilze, Nanacatl genannt, die einen trunken machen, Visionen und selbst Wollust hervorrufen. Sie aßen sie, ehe der Tag anbrach ... mit Honig, und sobald sie sich durch ihren Einfluß genug erhitzt fühlten, begannen sie zu tanzen. Andere sangen, wieder andere weinten, weil sie berauscht waren, anderen versagte die Stimme. Diese setzten sich in einen Raum, wo sie in sich wie versunken blieben. Die einen hatten das Gefühl, sie stürben, und weinten in ihren Halluzinationen, andere sahen sich von einem wilden Tier aufgefressen, wieder andere bildeten sich ein, sie nähmen einen Feind im Kampfgetümmel gefangen. ... Nachdem der Rausch vorbei war, unterhielten sie sich untereinander über ihre Halluzinationen (Schmidbauer u. von Scheidt 1988).

Auch bei den Feierlichkeiten anläßlich der Krönung Montezuma II., der zur Zeit der spanischen Eroberungen über das mächtige Aztekenreich herrschte, spielten Pilze dieser Art eine wichtige Rolle. In einem Bericht des spanischen Dominikanermönches Diego Duran über das Krönungsfest, bei dem man angeblich 30000 Menschen opferte, wobei vielen das Herz bei lebendigem Leib aus der Brust gerissen wurde, heißt es:

> Nachdem die Opferfeierlichkeiten beendet und die Stufen des Tempels und der Hof mit menschlichem Blut getränkt waren, begann die gesamte Gesellschaft, Pilze zu essen, wodurch die Menschen die Kontrolle über sich verloren und in einen schlim-

meren Zustand versetzt wurden, als wenn sie zuviel Wein getrunken hätten. Einige gerieten in einen derart starken Rauschzustand, daß sie den Verstand verloren und Selbstmord begingen. Andere hatten während dieser Zeit Visionen, in denen sich ihnen die Zukunft offenbarte oder der Teufel zu ihnen sprach (Findlay 1982).

Aus solchen Aufzeichnungen folgerten die Wassons, daß es sich bei den erwähnten Pilzen um Arten mit halluzinogenen Inhaltsstoffen gehandelt haben müsse. Konnte es dann nicht sein, daß man diese Drogenpilze vor Jahrtausenden in Stein gemeißelt und verehrt hatte? Wasson und seine Frau beschlossen, nach handfesten Beweisen für ihre Theorie zu suchen.

Da es damals immer wieder Gerüchte gab, derartige Pilzrituale hätten sich in Mittelamerika bis heute erhalten, reisten Valentina und Gordon Wasson in das abgelegene südmexikanische Hochland, in dem es noch sehr ursprünglich lebende Indianer gab, um dort nach einem Stamm zu suchen, bei dem ein solcher Brauch möglicherweise noch gepflegt wurde. Nach jahrelangen, vergeblichen Nachforschungen wurden sie dann tatsächlich fündig, wenn es ihnen auch zunächst nicht gelang, sehr viel über die seltsamen Pilze zu erfahren. Wie Gordon Wasson erklärte, bedurfte es einer gehörigen Portion Geduld, bis man sich das Vertrauen eines weisen, alten Mannes oder einer Frau erwarb, um dann vielleicht bei Kerzenschein eine geflüsterte Information über die »göttlichen Pilze« zu bekommen. Mit der nötigen Ausdauer gelang es dem Ehepaar aber schließlich doch, in dem kleinen Dorf Huautla de Jimenez Näheres über die Drogenpilze in Erfahrung zu bringen. Wasson durfte sie zu seiner Freude mit Erlaubnis der Schamanin Maria Sabina sogar probieren.

Inzwischen wurden die Drogenpilze von den Indianern allerdings nicht mehr – wie noch einige Jahrhunderte zuvor – bei Festlichkeiten verwendet. Sie stellten vielmehr ein unverzichtbares Handwerkszeug vieler Medizinfrauen und Medizinmänner dar, die versuchten, mit diesem Hilfsmittel Kontakt zu den Göttern aufzunehmen. Diese bat man um Unterstützung bei der Behandlung von Krankheiten oder fragte sie nach dem Verbleib von Dorfbewohnern, die plötzlich und ohne eine Nachricht verschwunden waren.

Roger Heim, lange Jahre Direktor des »Museum National d'Historie Naturelle« in Paris, war neben den Wassons einer der aktivsten Forscher auf dem Gebiet halluzinogener Pilze. Ihm verdanken wir die Schilderung einer solchen Schamanenzeremonie, wie sie noch vor etwa 50 Jahren in Mexiko stattgefunden hat:

Die Pilze werden früh am Morgen gesammelt, wenn die Luft noch rein ist, bevorzugt zur Zeit des Neumondes, aber die eigentliche Zeremonie findet abends hinter verschlossenen Türen statt und dauert die ganze Nacht an. Auf einem Tuch in der Nähe eines sehr einfachen Altars sind verschiedene Gegenstände aufgebaut, unter anderem Stücke des Harzes von Kopalbäumen (*Copaifera*), die wie Weihrauch verwendet werden, Kakaosamen, Maiskörner, pulverisierter grüner Tabak, Hühnereier und die gepunkteten Eier des mexikanischen Truthahns, Borke eines Baumes mit dem Namen »Amate« und vierzehn Paare von *Psilocybe mexicana*, zusammen mit drei oder vier Pilzen einer *Stropharia*-Art, die der »Heilige Pilz des Kuhdungs« genannt wird ... Der curandero ... nimmt zwei Pilze und hält sie über das glühende Kopalharz, wenn dieses einen beißenden, bitteren Geruch abgibt. Anschließend beginnt er, sie zu kauen und verzehrt nach und nach alle, immer zwei gleichzeitig. Dann nimmt er die Borke, einige der Federn und legt sie zusammen mit dreizehn Kakaosamen auf ein Stück Papier. Er wickelt alles ein und deponiert das Päckchen neben den Truthahneiern. Danach reibt er sich seine Unterarme und den Nacken mit dem Pulver des grünen Tabaks ein und löscht mit einer Blüte das restliche Licht, so daß es vollkommen dunkel ist. Nun steht der Schamane auf, wickelt sich in die Decke und stellt denjenigen, die gekommen sind, um ihn zu konsultieren, Fragen, wobei er, augenscheinlich in Gedanken versunken, die Maiskörner in die Luft wirft und mit beiden Händen auffängt. Dieser Handlungsablauf wird dann in genau der gleichen Reihenfolge wiederholt, und während der Zeremonie, die bis zum Morgen andauert, darf niemand fortgehen. Einige der Anwesenden essen ebenfalls von den Pilzen, und nach etwa einer Stunde setzen bei ihnen die phantastischen Halluzinationen ein (Findlay 1982).

Die aufsehenerregenden Berichte über die neuentdeckten, aber wohl schon uralten Kulthandlungen, in denen halluzinogene Pilze im Mittelpunkt standen, hatten allerdings bald unerwartete und unerwünschte Nebeneffekte. Es dauerte nicht lange, bis die experimentierfreudige Jugend der »wilden 60er Jahre« auf diese bisher unbekannte Quelle zur Bewußtseinserweiterung aufmerksam wurde und auf der Suche nach den heiligen Pilzen die einsame Bergwelt Mexikos überschwemmte.

Die Männer der ersten Stunde zeigten sich von dieser Entwicklung völlig überrascht. So beklagte sich etwa Roger Heim, das Dorf Huautla de Jimenez sei schon bald nachdem sie ihre Entdeckung veröffentlicht hätten von

Gammlern, Abenteurern, sensationslüsternden Journalisten und sogar Geheimdienstlern auf der Suche nach Mitteln zur Perfektionierung künftiger Kriege in ein modernes Mekka verwandelt worden – mit dem Erfolg, daß die alten Riten schnell zu demütigenden, nächtlichen Happenings verkommen seien, zu denen sich die Ausgeflippten drängten.

Bei aller berechtigt erscheinenden Kritik darf man allerdings nicht vergessen, daß gerade Wasson und Heim mit ihren sensationell anmutenden Berichten, die man nur zum Teil mit der notwendigen wissenschaftlichen Chronistenpflicht rechtfertigen kann, einen gehörigen Teil zu dieser Entwicklung beitrugen. Erwähnt sei in diesem Zusammenhang beispielsweise der Mitschnitt, den Wasson von einer Pilzkultzeremonie mit der Schamanin Maria Sabina anfertigte und anschließend auf vier Langspielplatten veröffentlichte – inzwischen übrigens Sammlerstücke, die zu Preisen von weit über 500 Dollar gehandelt werden.

Danach ließ sich der einmal eingeschlagene Weg nicht mehr korrigieren. In der ganzen Welt machten sich junge Leute auf die Suche nach den neuartigen, kostenlosen Rauschmitteln. Dabei zeigte sich jedoch, daß von den weltweit insgesamt etwa 70 halluzinogenen Pilzarten nur wenige, hauptsächlich in Mittelamerika vorkommende Vertreter nennenswerte Mengen Drogen enthalten. Bei den übrigen Arten ist der Anteil des Giftes zumeist gering und außerdem starken Schwankungen unterworfen, so daß die Jagd auf halluzinogene Pilze in anderen Teilen der Erde, so in Mitteleuropa, nicht von Erfolg gekrönt war. Ganz abgesehen davon waren die zumeist kleinen und unscheinbaren Arten nicht leicht zu finden und noch schwerer zu bestimmen, so daß die vergnügungssüchtigen Hobbymykologen immer Gefahr liefen, versehentlich einmal an einen gefährlicheren Giftpilz zu geraten, um ihren Leichtsinn dann möglicherweise mit dem Leben zu bezahlen.

Die Ausnahme war Großbritannien, wo es in bestimmten Gegenden größere Vorkommen des bereits erwähnten Spitzkegeligen Kahlkopfes gibt. Hier erwogen die Behörden in den 70er Jahren sogar, nachdem die geschilderten Vorfälle mit den schottischen Teenagern bekannt wurden, die Grasflächen, auf denen diese Art im Herbst häufig wächst, mit Fungiziden zu behandeln, um die Pilze mit Stumpf und Stiel auszurotten.

Viele der Jugendlichen versuchten seinerzeit auch, halluzinogene Pilze unter künstlichen Bedingungen zu ziehen, besonders nachdem eine Anleitung zur Kultur von Drogenpilzen erschienen war, die in den USA eine beachtliche Auflage erreichte. Allerdings waren diese Zuchtversuche kaum von Erfolg gekrönt. Erst einem »Profi«, dem bereits erwähnten Roger Heim, gelang es, eine Reihe der göttlichen Pilze, die hauptsächlich zu den Kahlköpfen (*Psilocybe*) und Träuschlingen (*Stropharia*) gehören, in größeren Mengen in seinem Labor zu züchten. Dadurch besaß man nun genug Untersuchungsmaterial, um die Isolierung der halluzinogenen Stoffe in Angriff zu nehmen und ihre Struktur aufzuklären. Mit diesem Anliegen wandte man sich an Albert Hofmann, einen Chemiker, der beim Schweizer Chemie- und Pharmaunternehmen Sandoz in Basel beschäftigt war.

Allerdings verliefen diese Untersuchungen zunächst ergebnislos, denn keiner der hergestellten Extrakte zeigte auch nur die geringsten Effekte, wenn er Versuchstieren wie Mäusen und Hunden verabreicht wurde. Dazu Hofmann: »Es kamen daher Zweifel auf, ob die in Paris gezüchteten und getrockneten Pilze überhaupt noch wirksam seien. Das konnte nur durch einen Versuch am Menschen mit diesem Pilzmaterial entschieden werden« (Hofmann 1993). Dieses Experiment machte Hofmann selbst, da, wie er schreibt, »es nicht angeht, daß ein Forscher einen Selbstversuch, den er für seine eigenen Untersuchungen benötigt und zudem ein gewisses Risiko in sich birgt, jemand anderem überträgt« (Hofmann 1993).

Unter ärztlicher Aufsicht aß der Schweizer Wissenschaftler 32 Exemplare von *Psilocybe mexicana*, eine Menge, die nach Angaben von Wasson etwa der Dosis entsprach, die auch von den indianischen Schamanen benutzt wurde. Das Versuchsprotokoll schildert, was dann geschah:

Nach einer halben Stunde begann sich die Außenwelt fremdartig zu verwandeln. Alles nahm einen mexikanischen Charakter an. Weil ich mir dessen völlig bewußt war, daß ich aus meinem Wissen um die mexikanische Herkunft dieser Pilze mir nun mexikanische Szenerien einbilden könnte, versuchte ich gezielt, meine Umwelt so zu sehen, wie ich sie normalerweise kannte. Alle Anstrengungen des Willens, die Dinge in ihren altvertrauten Formen und Farben zu sehen, blieben jedoch erfolglos. ... Nach etwa sechs Stunden ging der Traum zu Ende. Subjektiv hätte ich nicht angeben können, wie lange dieser ganz zeitlos erlebte Zustand gedauert hatte. Das Wiedereintreten in die gewohnte Wirklichkeit wurde wie eine beglückende Rückkehr aus einer fremden, als ganz real erlebten Welt in die altvertraute Heimat empfunden (Hofmann 1993).

Damit wurde klar, daß Tiere nicht in der erwarteten Art und Weise auf halluzinogene Substanzen reagierten, also für die Identifizierung der Wirkstoffe auch nicht eingesetzt werden konnten. Alle weiteren Tests mußten daher an Menschen durchgeführt werden. Neben Hofmann und seinen Mitarbeitern stellten sich bereitwillig weitere

Kollegen zur Verfügung, so daß es schließlich gelang, die beiden für die halluzinogene Wirkung verantwortlichen Stoffe zu isolieren. Dabei handelt es sich um zwei Tryptaminderivate, denen man die Namen Psilocybin und Psilocin gab. Ihre Struktur und Wirkung läßt sich etwa mit der von Lysergsäurediäthylamid vergleichen. Von dieser Droge, die besser unter ihrer Abkürzung LSD bekannt ist, wird in Kap. 7 noch ausführlich die Rede sein. Zuvor wollen wir uns aber einem anderen Pilz zuwenden, der auch bei uns heimisch ist und dessen Genuß ebenfalls psychische Veränderungen hervorrufen soll: der Fliegenpilz.

6 Der Narrenschwamm

> *In diesem rotweißen Hut stecken mehr Farben, als deine armseligen Menschenaugen jemals gesehen haben! ... Wenn du ihn trocknest und kaust, kannst du im Traum furchtbare Geheimnisse lüften.*
> Francois Bourgeon in
> *Die Gefährten der Dämmerung*

Der geheimnisumwitterte Fliegenpilz (Farbabb. 9) – wegen seiner angeblich bewußtseinsverändernden Eigenschaften in manchen Gegenden auch »Glückspilz« genannt – hat seinen Platz nicht nur in Kinderliedern und Märchenbüchern gefunden, sondern gehört in der Vorstellung der meisten Menschen außerdem zum unverzichtbaren Handwerkszeug von Hexen und Zauberern. Daher kann es kaum verwundern, daß sich um ihn unzählige Legenden gebildet haben. So wurde lange angenommen, der Name »Fliegenpilz« leite sich von der Tatsache ab, daß man früher in Milch eingelegte Pilzstückchen benutzt hätte, um Fliegen zu vergiften. Diese Annahme erwies sich allerdings als unzutreffend, da Versuche gezeigt haben, daß Fliegen sich auf diese Weise nicht töten lassen, sondern höchstens betäubt werden und sich nach einiger Zeit munter davonmachen. Heute vermutet man daher, die Namensgebung habe entweder mit der Tatsache zu tun, daß Fliegen im Mittelalter als Symbol des Wahnsinns galten – eine andere Bezeichnung für den Fliegenpilz ist »Narrenschwamm« –, oder aber damit, daß dieser mystische Pilz angeblich die Kraft besitzen solle, Menschen fliegen zu lassen. Man denke nur an die Hexen auf ihren fliegenden Besen.

Der Fliegenpilz in verschiedenen Kulturkreisen

Die Germanen glaubten, Fliegenpilze würden überall dort wachsen, wo Schaum aus dem Maul von Wotans Pferd auf die Erde getropft sei. Wotan war nicht nur Toten- und Kriegsgott, sondern auch der Gott der Ekstase. Von seinem Namen leitet sich der Begriff »Wut« ab – ein Zusammenhang, der besonders in der althochdeutschen Schreibweise »Wuotan« zum Ausdruck kommt. Und so soll der Fliegenpilz auch für die sprichwörtlichen Wutausbrüche der berühmten Berserker verantwortlich gewesen sein. Die Wikinger, die seine Wirkung angeblich ebenfalls sehr genau kannten, setzten ihn als Stimulans während der Scharmützel ein, in die sie auf ihren Beutezügen zwangsläufig immer wieder verwickelt wurden.

Reisende, die im 18. und 19. Jahrhundert nach Sibirien kamen, erwähnten eine Benutzung des Fliegenpilzes durch die dort lebenden Tschuktschen, Kamtschadalen, Korjaken, Jukagiren, Ostjaken, Samojeden, Tscheremissen und Mordwinen. So berichtet etwa der englische Reisende Oliver Goldsmith von einer Sitte wohlhabender Korjaken, Feste zu veranstalten, bei denen ein Sud aus Fliegenpilzen gereicht wurde, die man bei den Russen eingetauscht hatte. Angeblich waren die Pilze so begehrt, daß für ein einzelnes Exemplar manchmal ein ausgewachsenes Rentier »gezahlt« wurde. »Wenn die hohen Herren und ihre Damen versammelt sind ...«, schrieb Goldsmith, »macht der Pilzsud seine Runde. Sie beginnen zu lachen, erzählen Unsinn, werden zunehmend beschwipst und somit zu ausgezeichneten Gesellschaftern« (Findlay 1982).

Natürlich waren aber auch die ärmeren Leute an dem berauschenden Pilzsud interessiert. Da sie sich die begehrten Pilze jedoch nicht leisten konnten, legten sie sich in der Nähe des Hauses, in dem ein solches Fest stattfand, auf die Lauer und warteten, bis die Damen und Herren der Gesellschaft herauskamen, um Wasser zu lassen. Dann fingen sie den Urin mit einem hölzernen Gefäß auf und tranken ihn, denn angeblich verliert die Droge auch bei der Filtration im menschlichen Körper nichts von ihrer berauschenden Wirkung.

Goldsmith malt sich dann auch in süffisanter Weise die Wirkung für den Fall aus, daß dieser Brauch bei den englischen Adligen ebenfalls in Mode kommen sollte, deren wahre Qualitäten, wie er schreibt, sowieso erst sichtbar würden, wenn sie einen anständigen Rausch hätten. Dabei sah er die Mitglieder der High Society vor sich, wie sie bei einem festlichen Anlaß »aus dem hölzernen Gefäß tranken, um anschließend den Wohlgeschmack seiner Lordschaft Flüssigkeit zu preisen. ... Ein Lord wird das Gefäß für einen Minister halten, ein Ritter für seine Lordschaft und ein einfacher Knappe wird es zweifach destilliert trinken« (Findlay 1982).

Eine vergleichbare Darstellung findet sich auch in dem 1845 erschienenen Buch der beiden deutschen Toxikologen Berge und Riecke über Giftpflanzen:

> Merkwürdig ist es, daß verschiedene Völkerschaften des nördlichen Asiens sich des Fliegenschwamms als eines berauschenden Mittels bedienen, so die Samojeden, Ostjaken, Tungusen, Jakuten usw., besonders aber die Kamtschadalen. Der Fliegenschwamm wird von denselben, auf verschiedene Weise zubereitet, genossen. Nach einer halben, zuweilen auch erst nach einer bis zwei Stunden, beginnt die Wirkung, zuweilen mit Ziehen und Zucken in den Muskeln oder mit Sehnenhüpfen. Die Menschen werden lustig, später ausgelassen lustig, zeigen auch, indem sie zum Theil schwindeln

und taumeln, doch ungewöhnliche körperliche und geistige Kräfte. Nur ausnahmsweise tritt eine traurige Gemütsstimmung ein sowie auch andere Symptome, welche auf den Genuß geistiger Getränke zu folgen pflegen, in einzelnen Fällen nicht ausbleiben, z. B. starke Kongestionen gegen den Kopf, Erbrechen usw., manche Individuen wüthen gegen sich selbst. Aus dem Schlaf, in den die Berauschten fallen, erwachen sie mit grosser Mattigkeit, eingenommenem Kopf, aufgedunsenem Gesicht usw. Der häufige Gebrauch des Fliegenschwamms macht die Leute, wenigstens im Alter, stumpfsinnig und dumm. Bei heftigen Berauschungen erfolgt zuweilen der Tod unter Zuckungen. Das berauschende Prinzip des Fliegenschwammes geht in den Harn über, und so unwahrscheinlich es auch klingt, so bezeugen doch verschiedene Reisende, daß bei den genannten Völkerschaften nicht alleine der Schwamm sondern auch der Urin der dadurch Berauschten als Berauschungsmittel benutzt und auf diese Weise die Berauschung selbst auf die vierte und fünfte Person übertragen werde. Zu bemerken ist übrigens noch, daß auch der Fliegenschwamm in Beziehung auf Unbeständigkeit seiner Wirksamkeit durchaus keine Ausnahme macht vom Verhalten der Pilze überhaupt. Es fehlt auch bezüglich seiner nicht an Beobachtungen, wo sein Genuß keine nachhaltige Wirkungen hervorbrachte. Langsdorf gibt an, derselbe Mensch werde oft von einem Pilz sehr stark, andere Male von zwölf bis zwanzig Stück gar nicht angegriffen, und Bulliard aß zwei Unzen des Pilzes ganz ohne Nachtheil (Rätsch 1991).

Der deutsche Völkerkundler Enderli, der Ende des 19. Jahrhunderts 2 Jahre unter Tschuktschen und Korjaken verbrachte, wurde sogar Augenzeuge eines solchen Fliegenpilzgelages:

> Schon nach dem vierten Pilze fangen die Wirkungen des Giftes sich zu äußern an. Die Augen nehmen einen wilden (nicht etwa den glasigen, wie bei Betrunkenen) Ausdruck an, ihr Glanz wurde geradezu blendend und die Hände kamen in nervöses Zittern. Die Bewegungen wurden eckig und schroff, gleich als ob die Vergifteten die Herrschaft über ihre Glieder verloren hatten. Dabei befanden sie sich bei vollem Bewußtsein. Nach einigen Minuten ergriff die zwei Männer eine schwere Betäubung, ... dann ... ging ein unbeschreiblicher Tanz mit Gesang los ... bis zur völligen Ermattung. Wie tot stürzten sie plötzlich zusammen und verfielen darauf sofort in einen tiefen Schlaf ... Eben dieser Schlaf bietet den größten Reiz, der Betrunkene hat dabei die schönsten phantastischen Träume ... Wie es scheint, wird das Gift des Fliegenpilzes im Harn ausgeschieden, wodurch derselbe, wenn getrunken, dieselben Wirkungen ausübt, wie der Fliegenpilz ... Ich bemerkte nun, daß eine Frau dem Erwachten ein kleines Blechgefäß herbeibrachte, in welches sich der Mann seines Urins in Gegenwart aller entledigte. Dieses Gefäß wird ausschließlich für diesen bestimmten Zweck verwendet und der Korjake nimmt es auch auf Reisen mit sich. Der Betrunkene stellte das Gefäß neben sich; der Urin war noch warm und der Dampf stieg in der kalten Jurte dicht aufwärts, als der zweite Pilzesser, der eben aus dem Schlafe erwachte, das Uringefäß neben sich erblickte, es ohne weiteres ergriff und einige volle Züge daraus trank ... Nach wenigen Augenblicken übte der getrunkene Urin seine Wirkung aus, die Ver-

giftungssymptome nahmen an Heftigkeit zu. Schlaf mit Tobsuchtsanfällen und Momenten völliger Ruhe wechselten ab. Die Vergiftung wurde immer wieder durch Urintrinken verstärkt ... Der übrigbleibende Urin wird sorgfältig auf kurze Zeit aufgehoben, um bei nächster Gelegenheit wiederum benutzt zu werden (Rätsch 1991).

Aber nicht nur in Sibirien, sondern auch in Europa sollen einst regelmäßig Fliegenpilze konsumiert worden sein, beispielsweise in Schottland, wo man sie angeblich in Whisky aufgelöst trank. Genannt wurde ein solches Gemisch übrigens »Cathie«, möglicherweise in Anlehnung an Katharina die Große von Rußland, die – will man der Überlieferung glauben – diesem Getränk ebenfalls nicht abgeneigt war. Anschließend wurde der Urin der Konsumenten durch Schafwolle gefiltert, mit Milch oder Quark vermischt und erneut verwendet.

Auch Lappen und Finnen sollen Mixturen dieser Art benutzt haben. Bei dem von ihnen geschätzten Getränk handelte es sich um den gefilterten Urin von Rentieren, denen man Fliegenpilze zu fressen gegeben hatte.

Daß allerdings, wie der britische Archäologe Burl behauptet, die zahlreichen Keramikbecher, die man in den Gräbern der Glockenbecherleute gefunden hat, als Auffanggefäße für Fliegenpilzurin gedient haben sollen, gehört wohl doch eher ins Reich der Phantasie. Glockenbecherleute nennt man eine Kultur, die sich um 2000 v. Chr. von Spanien aus bis nach Italien, Skandinavien und England ausbreitete.

Ähnlich schwer wird vermutlich auch eine Theorie zu beweisen sein, die Gordon Wasson vertritt. Als er sich mit heiligen, altindischen Schriften beschäftigte, stieß er auf eine Textstelle im *Rig-Veda*, in der es heißt:

»Der Trank hat mich fortgerissen wie ein stürmischer Wind ...
Die eine Hälfte meines Ichs läßt die beiden Welten hinter sich ...
Ich habe an Größe diesen Himmel und diese Erde übertroffen ...
Ich merke, daß ich Soma getrunken habe«
(Hymne X, 119).

Das hier erwähnte Soma, angeblich mit Einwanderern im 12. Jahrhundert v. Chr. nach Indien gelangt, gehört seit Jahrhunderten zu den größten Rätseln der Mythologie. Wie man in alten Texten nachlesen kann, sollen die Götter einst schweren Herzens ihren Mitgott Soma erschlagen haben, um den Menschen zu zeigen, was ein Opfer ist. Danach galt das Auspressen der heiligen Soma-Pflanze als kultische Wiederholung dieser Tat. Dem Trank, der beim Auspressen entstand, wurden übernatürliche Kräfte, paradiesische Wonnen, Visionen von der himmlischen Welt, Unsterblichkeit und ewige Jugend nachgesagt. Außerdem sollte er dem Konsumenten auch zu einem intensiveren Liebesleben verhelfen.

Leider ist im Laufe der Jahrhunderte das Wissen verlorengegangen, aus welcher Pflanze der heilige Trank zubereitet wird. Es gibt allerdings zahlreiche »Verdächtige«, etwa die Echte Alraunwurzel (*Mandragora officinarum*), deren Alkaloide Wahnvorstellungen hervorrufen, oder der Hanf (*Cannabis* ssp.), aus dem sich Marihuana und Haschisch herstellen lassen.

Die zahlreichen Spekulationen bereicherte Wasson um eine weitere Nuance, indem er behauptete, bei der geheimnisvollen Soma-Pflanze handle es sich schlicht und einfach um den Fliegenpilz. Neben einigen linguistischen und geobotanischen Spitzfindigkeiten führt er folgendes Argument an: Nach der Überlieferung verlangt die Zubereitung des Soma-Tranks, daß die Pflanze ausgepreßt und noch am Tag der Herstellung getrunken werden muß. Damit scheiden nicht nur Marihuana[1] und Haschisch[2] aus, sondern auch die durch alkoholische Gärung hergestellten Getränke sowie die Opiate des Schlafmohns (*Papaver somniferum*), z. B. Morphium, Heroin und Opium. Dagegen ließen sich Pilze mit halluzinogenen Inhaltsstoffen wie verlangt zubereiten.

Auch wird in einigen der überlieferten Texte davon gesprochen, daß Priester, die den Saft der Soma-Pflanze konsumierten, den göttlichen Trank mit dem Urin wieder ausscheiden würden – eine Parallele zu den Berichten aus Sibirien. Dorthin könnte sich der Brauch ausgebreitet und dann aufgrund der abgelegenen und unzugänglichen Lage bis in die nahe Vergangenheit erhalten haben, während das verschwommene Wissen von der göttlichen Soma-Pflanze in Indien nur noch durch die Mythologie überliefert wurde.

Medizinische Verwendung und Wirkung

Die sibirischen Ureinwohner benutzten die Fliegenpilze in der Vergangenheit nicht ausschließlich zu ihrem Vergnügen, sondern auch für medizinische Zwecke. So berichtet ein polnischer Offizier namens Kopec, der 1797 eine Reise nach Kamtschatka unternahm, er sei plötzlich so krank geworden, daß er seine Fahrt nicht fortsetzen konnte. Glücklicherweise habe ihn ein Einheimischer in seine stickige und nach Tran stinkende Hütte aufgenom-

---

[1] Getrocknete Blüten und Blätter der Hanfpflanze.
[2] Ein von winzigen Drüsen der Hanfblütenblätter abgesondertes Harz.

men, wo Kopec dem Tode nahe zu sein glaubte. Aber dann gab ihm sein Gastgeber, bei dem es sich um einen Priester oder Medizinmann handelte, einen speziellen Pilz zu essen, der den Offizier wieder auf die Beine brachte.

»Bevor ich dir diese Arznei verabreiche«, hatte der Mann gesagt, »muß ich dir noch etwas Wichtiges mitteilen. Dieser Pilz ist, wie ich wohl mit Recht behaupten kann, eine wunderbare Medizin ... Man könnte sie als wertvollste Schöpfung der Natur bezeichnen, ... denn sie macht denjenigen, der sie einnimmt, nicht nur gesund, sondern läßt ihn auch in die Zukunft blicken. Da du sehr schwach bist, gebe ich dir nur einen Pilz zu essen, der aber ausreicht, um dich in einen erholsamen Schlaf fallen zu lassen« (Findlay 1982).

Alles geschah so, wie der Medizinmann es vorhergesagt hatte. Kopec fiel in einen tiefen Schlaf und träumte von einem phantastischen Garten, in dem ihm wunderschöne, weißgekleidete Frauen Früchte und Beeren zu essen gaben. Am nächsten Tag verabreichte ihm der Mann eine stärkere Dosis, und erneut war der polnische Offizier bereits einige Minuten später eingeschlafen. Erst nach 24 Stunden wachte er wieder auf. »Es ist schwer, wenn nicht sogar unmöglich, die Visionen, die ich während dieses langen Schlafes hatte, zu beschreiben«, heißt es in seinen Aufzeichnungen. Alle Menschen, die er kannte, erschienen einer nach dem anderen vor seinem geistigen Auge, und alles, was er seit seinem fünften oder sechsten Lebensjahr erlebt hatte, machte er noch einmal durch. Einige Tage später fühlte er sich dann soweit wiederhergestellt, daß er seine Reise fortsetzen konnte.

Nun könnte man meinen, der Fliegenpilz sei nur ein weiterer Pilz mit halluzinogenen Inhaltsstoffen, aber so einfach scheint die ganze Sache nicht zu sein. Zwar lassen sich eine Reihe ungewöhnlicher Stoffe aus Fliegenpilzen isolieren, etwa die Gifte Bufotenin, Muscarin oder Muscimol, aber keiner von diesen kann die vielfach geschilderte Wirkung zufriedenstellend erklären. Bufotenin ist zwar ein Halluzinogen, aber in viel zu geringen Mengen vorhanden, als daß es irgendeinen Effekt haben könnte. Muscarin bewirkt dagegen unter bestimmten Umständen Veränderungen im vegetativen Nervensystem und kann sogar zu Tobsucht führen. Es ist jedoch im Fliegenpilz ebenfalls nur in geringer Konzentration enthalten und wird außerdem über die menschliche Darmwand kaum aufgenommen.

Etwas anders verhält es sich mit dem Gift Muscimol. Der Schweizer Wissenschaftler P.G. Waser hat diese Substanz in mehreren Selbstversuchen getestet und dabei festgestellt, daß 5 Milligramm ausschließlich schläfrig machten. 10 Milligramm würden zu einer leicht gehobenen Stimmung führen, die geistige Leistungsfähigkeit erhöhen und Farben- und Geschmacksempfindungen verändern. 15 Milligramm Muscimol dagegen riefen eine ausgesprochene Intoxikation hervor, verbunden mit Gleichgewichtsstörungen, unartikuliertem Sprechen, Krämpfen einiger Muskelgruppen und Echobildern von Szenen, die bereits einige Minuten zurücklagen.

Auch Gordon Wasson hat es sich nicht nehmen lassen, an einem solchen Test teilzunehmen. Allerdings probierte er nicht eine einzelne Substanz, sondern aß ganze Pilze. Bei diesem Versuch, den er zusammen mit zwei weiteren Probanden durchführte, fühlte er zunächst eine etwas gehobene Stimmung, bevor er in einen zweistündigen Schlaf fiel. Eine völlig andere Wirkung übten die Fliegenpilze dagegen auf einen der beiden anderen Teilnehmer aus, einen japanischen Mykologen. Dieser geriet in Verzückung, begann ungefähr 3 Stunden lang hymnisch zu sprechen und schrie seine Kollegen, die nur einige Schritte von ihm entfernt standen, dabei mit voller Kraft an.

Andere Versuche mit Fliegenpilzen haben gezeigt, daß sich bei einigen Probanden die Raumvorstellungen veränderten. So hielten sie eine Pfütze plötzlich für einen See oder versuchten mit großen Sprüngen über winzige Hindernisse zu setzen.

Weil die bisherigen Versuche mit freiwilligen Testpersonen demonstrierten, daß der Genuß von Fliegenpilzen anscheinend sehr unterschiedliche Reaktionen hervorrufen kann, müssen möglicherweise bestimmte psychische und physische Voraussetzungen gegeben sein, damit es überhaupt zu einem spürbaren Wandel des Verhaltens kommt. Daß die psychische Bereitschaft zur Veränderung durchaus einen physischen Wandel bewirken kann, zeigen Versuche mit Plazebos. Dabei handelt es sich um Scheinmedikamente, denen die entscheidenden Wirkstoffe der richtigen Arznei fehlen. Eine Testperson, der ein solcher Plazebo verabreicht wird und die nicht weiß, ob sie das richtige Medikament oder die Nachbildung eingenommen hat, kann unter Umständen auch ohne vorhandene Inhaltsstoffe eine Wirkung spüren. So ist es beispielsweise möglich, daß jemand, der glaubt, eine Kopfschmerztablette geschluckt zu haben, plötzlich keine Beschwerden mehr hat, selbst wenn es sich bei dieser Pille um ein völlig wirkstofffreies Plazebo gehandelt hat. Auch die immer wieder beobachteten Fälle, bei denen Menschen, die sich einbildeten, Giftpilze gegessen zu haben, tatsächlich Vergiftungssymptome wie Bauchschmerzen, Brechdurchfälle und Atemnot zeigten, lassen eine solche These nicht unmöglich erscheinen.

Daneben können aber auch unterschiedliche körperliche Voraussetzungen einen großen Einfluß auf den Konsum berauschender Stoffe haben. So gibt es z. B. im asiatischen Raum zahlreiche Menschen, bei denen ein bestimmtes Enzym, das den Abbau von Alkohol im Körper bewirkt, nicht in der Menge vorhanden ist wie etwa bei Europäern. Dieses Enzym, Alkoholdehydrogenase genannt, erlaubt es einer gesunden Leber, in jeder Stunde etwa 8 Gramm Alkohol abzubauen, so daß der Körper nach einer gewissen Zeit wieder entgiftet ist. Fehlt einem Menschen die Alkoholdehydrogenase in seiner Enzymausstattung oder ist sie nicht in ausreichendem Maße vorhanden, bleibt der Alkohol im Blutkreislauf und kann schließlich größere körperliche Schäden verursachen. Solche Leute dürfen praktisch keinen Alkohol trinken. Wenn die unterschiedlichen physischen Voraussetzungen einzelner Personen oder ganzer Volksgruppen auch bezüglich des Verzehrs von Fliegenpilzen bestehen würden, ließen sich die sehr verschiedenen Reaktionen vielleicht erklären.

Es ist aber auch denkbar, daß einige Naturvölker Mittel und Wege gefunden haben, die Wirkung der Fliegenpilze zu verstärken. So gibt es Berichte, nach denen sibirische Schamanen die Fliegenpilze vor dem Verzehr zunächst in den Saft der Trunkelbeere (*Vaccinium uliginosum*) einlegen, der selbst schon einen leichten Rausch erzeugen soll.

Überlieferungen aus China sprechen davon, daß Fliegenpilze (dort übrigens »tschasch baskon«, »Augenöffner«, genannt) zusammen mit dem Bergspringkraut (*Impatiens montana*) in Ziegenkäselake gekocht wurden, der man vor dem Genuß noch Samen des Bilsenkrautes (*Hyoscyamus* ssp.) beimengte, wobei man wissen muß, daß gerade die letztgenannte Pflanze schon seit Urzeiten als magisches Kraut mit halluzinogener Wirkung gilt.

Die Medizinmänner einiger Indianerstämme Nordamerikas rauchten früher angeblich ein Gemisch aus getrockneten Fliegenpilzen und Tabak, um sich in Trance zu versetzen, da auch sie glaubten, in diesem Zustand die

Ursachen einer Krankheit besser erkennen zu können. Sie benutzten allerdings nicht den heute üblichen Tabak *Nicotiana tabacum*, sondern *Nicotiana rustica*, eine Art mit vierfach höherer Nikotinkonzentration.

Ein letzter Punkt, der bei der unterschiedlichen halluzinogenen Wirkung eine Rolle spielen könnte, ist die bereits erwähnte Tatsache, daß der Gehalt an Toxinen – abhängig von Standort, Klima und Jahreszeit – bei einzelnen Pilzen stark schwanken kann, wodurch natürlich auch die Wirkung recht verschieden wäre. Gerade auf diesen Umstand soll ausdrücklich hingewiesen werden, um vor allen Dingen diejenigen zu warnen, die mit dem Gedanken spielen, sich auf Experimente mit Fliegenpilzen einzulassen. Ihnen kann man nur nahelegen, daß das Experimentieren mit Giftpilzen immer ein Spiel mit dem Tod ist. So endeten in der Schweiz immerhin 2 von 36 bekanntgewordenen Vergiftungsfällen durch den Fliegenpilz tödlich. Aus anderen Ländern gibt es vergleichbare Zahlen. Wirklich unberechenbar wird das Risiko aber, wenn Unwägbarkeiten, die niemand einschätzen kann, wie z. B. der unterschiedliche Gehalt an Giftstoffen, eine Rolle spielen.

Mag man den alten Wikingern, deren Lebenserwartung schon aus »beruflichen« Gründen nicht besonders hoch war und deren Überlebenschancen mit jedem neuen Scharmützel weiter gegen Null gingen, einen leichtsinnigen Umgang mit Fliegenpilzen noch zugestehen, so kann man diejenigen, die heute aus Neugierde mit diesen unberechenbaren Pilzen experimentieren, eigentlich nur als so verrückt einstufen, daß sie des Narrenschwamms im Grunde nicht mehr bedürfen.

7 Das Heilige Feuer

> *dr. walter vogts neuestes testament 1969*
> *ich will kein besonderes begräbnis haben*
> *nur lauter teure und obszöne orchideen*
> *zahllose kleine vögel mit bunten namen*
> *keine nackttänze*
> *aber*
> *psychedelische gewänder*
> *in allen ecken lautsprecher und*
> *nichts als die neueste beatles platte*
> *hunderttausendmillionenmal*
> *und*
> *do what you like*
> *auf einem endlosband*
> *sonst gar nichts*
> *als einen populären christus mit einem*
> *heiligenschein aus echtem gold und eine liebe trauergemeinde*
> *die sich mit säure vollpumpt*
> *till they go to heaven*
> *one two three four five six seven*
> *vielleicht treffen wir uns dort*
> Walter Vogt (Hofmann 1993)

Der Mutterkornpilz

Wie vermutlich nur wenige wissen, ist eine der berüchtigten Massendrogen, das LSD (Abkürzung für Lysergsäurediäthylamid), ebenfalls einem Pilz zu »verdanken«, dem Mutterkornpilz (*Claviceps*). Dieser gehört zu den Ascomyceten und lebt parasitisch auf verschiedenen Gräsern, darunter vielen Getreidearten. Gelangen seine Konidien im Frühjahr auf die Narbe einer Getreideblüte, keimen sie dort aus und durchwuchern mit ihrem Myzel das Pflanzengewebe. Schon kurz darauf bilden die neuen Hyphen selbst wieder unzählige, der schnellen Vermehrung dienende Konidien, und zusätzlich eine süße Flüssigkeit, den sogenannten Honigtau. Der lockt Insekten an, die bei ihrem Besuch ungewollt immer auch zahlreiche Konidien mitnehmen und auf gesunde Pflanzen verschleppen, so daß innerhalb kürzester Zeit ein ganzes Getreidefeld von Mutterkornpilzen befallen sein kann. Später im Jahr werden auf den infizierten Pflanzen dann statt der Samen sogenannte Sklerotien, die eigentlichen Mutterkörner, gebildet. Das sind schwarzviolette, bananenförmige, bis zu 5 Zentimeter lange Dauerstadien, die wie übergroße dunkle Getreidekörner aus der Ähre herausragen (Farbabb. 10).

Durch den Befall vermindert sich natürlich der Ernteertrag ganz erheblich, aber weitaus schlimmer ist, daß die Sklerotien mehrere giftige Alkaloide (u.a. Ergotamin und Ergotoxin) enthalten, die, wenn die Mutterkörner nicht vorher aussortiert werden, über das Mehl ins Brot gelangen und so tödliche Vergiftungen hervorrufen können. Die ersten Anzeichen sind Kopfschmerzen, Übelkeit, Schwindelgefühl, Erbrechen und Durchfall. Bei chronischen Vergiftungen kommt es zu Durchblutungsstörungen verbunden mit einem Kribbeln der Haut, bevor dann in schweren Fällen die mangelnde Durchblutung von Fingern, Zehen, Lippen und Ohren dazu führt, daß diese »brandig« werden, also regelrecht abfaulen. In anderen Fällen entstehen durch die Schädigung des zentralen Nervensystems schwere Muskelkrämpfe, die oft in Verkrüppelungen und anderen physischen Dauerschäden enden. Vielfach führt die Erkrankung auch zu Atemlähmungen oder Kreislaufversagen und damit zum Tode.

Alte Chroniken berichten über mehrere Massenvergiftungen durch den Mutterkornpilz des Roggens (*Clavi-*

ceps purpurea), bei denen es Tausende von Opfern zu beklagen gab. Die ersten Berichte stammen aus Frankreich, wo im Jahre 994 angeblich 4000 und bei einer weiteren Vergiftungswelle 1041 etwa 2000 Menschen umkamen. Bis Anfang des 20. Jahrhunderts gab es dann in Europa 65 weitere schwere Epidemien, von denen eine zwischen 1770 und 1780 allein in Frankreich und Deutschland über 8000 Todesopfer gefordert haben soll.

Aber auch Kriege hat der unscheinbare kleine Pilz beeinflußt. So wird von einer besonders schweren Massenvergiftung berichtet, die sich 1722 in Rußland ereignete, zu einem Zeitpunkt als Zar Peter der Große sich gerade anschickte, einen Feldzug gegen die Türken zu unternehmen, um einen eisfreien Hafen im Süden zu erobern. Als sich jedoch 20000 Kavalleristen und ihre Pferde an Brot vergifteten, das aus mit Mutterkornpilzen verseuchtem Getreide hergestellt worden war, konnte die geplante Invasion nicht stattfinden. Ähnlich soll es auch Napoleon gegangen sein, dessen Soldaten und Pferde sich während des Rußlandfeldzuges im Winter 1812/1813 an konfisziertem Roggen vergifteten, wodurch die Niederlage des kleinen Franzosen beschleunigt wurde.

Eine große, durch *Claviceps* verursachte Epidemie jüngeren Datums, die über 11000 Tote gefordert haben soll, brach 1926 ebenfalls in Rußland aus. Die wohl vorerst letzte Katastrophe dieser Art fand 1977 in Äthiopien statt, wo die Einheimischen ihre spärlichen Gerstevorräte mit von *Claviceps* befallenen Wildgräsern gestreckt hatten. Berichtet wird von 136 Fällen, wobei viele mit dem Tod endeten.

Da man den Zusammenhang zwischen den Vergiftungen und den Pilzsklerotien zunächst nicht erkannte, gaben die Menschen diesem Leiden die unterschiedlichsten Namen, die die Unsicherheit über die Ursachen der Krankheit sehr deutlich widerspiegeln: z. B. »Gottesrache«, »Kribbelkrankheit«, »Heiliges Feuer« oder »Antonius-Feuer«. Erst im 17. Jahrhundert entdeckte man die Verbindung der ständig wiederkehrenden Epidemien mit dem Verzehr der Mutterkörner.

Danach gelang es, die Krankheit durch Saatgutreinigung und modernere Mühlentechnologien immer mehr zurückzudrängen. Aus diesem Grund gab es bis vor einigen Jahren in den Industrienationen auch praktisch keine Vergiftungen durch Mutterkornpilze mehr, sieht man von gelegentlichen Todesfällen bei Tieren ab, die befallenes Gras oder Heu gefressen hatten. Das hat sich in der jüngeren Vergangenheit allerdings wieder geändert, weil viele Menschen dazu übergegangen sind, biologisch angebautes Getreide direkt vom Erzeuger oder aus Naturkostläden zu beziehen und selbst zu Mehl zu verarbeiten oder in Müsli zu verwenden. Da die Vergiftungsgefahr durch *Claviceps* praktisch in Vergessenheit geraten ist, achten die Verbraucher nicht mehr auf die eigentlich unverkennbaren Sklerotien, so daß ein Auftreten der Mutterkornkrankheit jetzt wieder häufiger beobachtet wird.

Allerdings hat der Mutterkornpilz in der Vergangenheit nicht nur Angst und Schrecken verbreitet, sondern wurde auch schon sehr früh als Arzneimittel verwendet. Die ersten schriftlichen Hinweise finden sich in einem Kräuterbüchlein des Frankfurter Arztes Adam Lonitzer (1527–1586), in dem erwähnt wird, daß Hebammen die Mutterkornsklerotien nicht nur benutzten, um Nachgeburtsblutungen zu stillen, sondern auch als Wehenmittel. Die Einnahme eines daraus hergestellten Trankes verursacht starke Uteruskontraktionen, wodurch in vielen Fällen die Geburt eingeleitet wird (daher der Name »Mutterkorn«). Allerdings ist auch bekannt, daß eine Überdosis durch Gebärmutterkrämpfe zum Tode des Kindes führen kann, so daß das Mutterkorn in der Vergangenheit häufig auch für Abtreibungen benutzt wurde.

Hofmanns Droge: LSD

Zu Beginn des 20. Jahrhunderts begann sich die pharmazeutische Industrie für dieses Mittel aus der Volksheilkunde zu interessieren. Schon sehr bald gelang es, aus Mutterkörnern ein Ergobasin genanntes Alkaloid zu isolieren, das für die erwähnte blutstillende Wirkung verantwortlich war. Da es in den Sklerotien jedoch nur in geringen Mengen vorhanden ist, versuchte man bei der Firma Sandoz, den Grundbaustein dieses Alkaloids, die Lysergsäure, die aus anderen Quellen in ausreichender Menge verfügbar war, synthetisch so zu verändern, daß daraus das gewünschte, blutstillende Ergobasin entstand. Der Wissenschaftler, der damit beauftragt wurde und

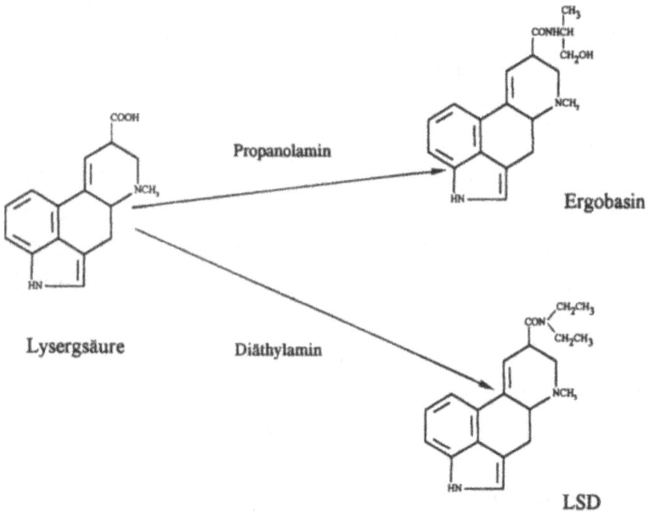

Abb. 10. Wird Lysergsäure mit Propanolamin verknüpft, entsteht ein synthetisch hergestelltes Ergobasin, wie es natürlicherweise in Mutterkörnern vorkommt. Benutzt man statt des Propanolamins die Substanz Diäthylamin, entsteht Lysergsäurediäthylamid, das als LSD zu traurigem Ruhm gelangte.

dem das schließlich auch gelang, war Albert Hofmann (vgl. Kap. 5). In einem nächsten Schritt versuchte er dann, die Lysergsäure noch weiter zu modifizieren, in der Hoffnung, dabei Stoffe mit neuen pharmakologischen Eigenschaften herzustellen.

Man schrieb das Jahr 1938, als Hofmann die 25. Substanz in dieser Versuchsreihe herstellte. Es war das Lysergsäurediäthylamid, kurz LSD-25 genannt (Abb. 10). Der Forscher hoffte, dieser Stoff würde sich als Kreislauf- und Atmungsstimulans einsetzen lassen. Als sich diese Erwartung nur teilweise erfüllte, geriet das LSD zunächst einmal in Vergessenheit bis:

> Eine merkwürdige Ahnung, dieser Stoff könnte noch andere als nur die bei der ersten Untersuchung festgestellten Wirkungsqualitäten besitzen, veranlaßte mich, 5 Jahre nach der ersten Synthese LSD-25 noch einmal herzustellen, um es für eine erweiterte Prüfung in die pharmakologische Abteilung zu geben. Das war insofern ungewöhnlich, als Prüfsubstanzen, wenn sie von pharmakologischer Seite als uninteressant befunden worden waren, in der Regel endgültig aus dem Forschungsprogramm gestrichen wurden (Hofmann 1993).

Diese ungewöhnliche Entscheidung Hofmanns sollte ungeahnte Folgen haben. Daß sich etwas Unerwartetes ankündigte, merkte der Wissenschaftler schon in der Schlußphase der Synthese, bei der er unbeabsichtigt etwas LSD-25 aufnahm. In einem Bericht an seinen Chef, den Chemiker Arthur Stoll, schildert Hofmann den ersten LSD-Rausch der Menschheitsgeschichte folgendermaßen:

> Vergangenen Freitag, 16. April 1943, mußte ich mitten am Nachmittag meine Arbeit im Laboratori-

um unterbrechen und mich nach Hause begeben, da ich von einer merkwürdigen Unruhe, verbunden mit einem leichten Schwindelgefühl, befallen wurde. Zu Hause legte ich mich nieder und versank in einen nicht unangenehmen, rauschartigen Zustand, der sich durch eine äußerst angeregte Phantasie kennzeichnete. Im Dämmerzustand bei geschlossenen Augen – das Tageslicht empfand ich als unangenehm grell – drangen ununterbrochen phantastische Bilder von außerordentlicher Plastizität und mit intensivem, kaleidoskopartigem Farbenspiel auf mich ein. Nach etwa zwei Stunden verflüchtigte sich dieser Zustand (Hofmann 1993).

Um der Sache auf den Grund zu gehen, entschloß sich der Chemiker zu einem Selbstversuch: »Ich wollte vorsichtig sein und begann deshalb die geplante Versuchsreihe mit der kleinsten Menge, von der ... noch irgendein feststellbarer Effekt erwartet werden konnte, nämlich 0,25 Milligramm Lysergsäurediäthylamidtartrat.« Wie sich später herausstellen sollte, war diese Menge das Zehnfache der wirksamen Dosis, und die Folgen waren entsprechend, wie aus dem Versuchsprotokoll hervorgeht:

17.00: Beginnender Schwindel, Angstgefühl. Sehstörungen. Lähmungen, Lachreiz.
Ergänzung am 21. IV.: Mit Velo nach Hause. Von 18 – ca. 20 Uhr schwerste Krise. (s. Spezialbericht [unten])
Die letzten Worte konnte ich nur noch mit großer Mühe niederschreiben. Schon jetzt war es mir klar, daß Lysergsäure-diäthylamid die Ursache des merkwürdigen Erlebnisses vom vergangenen Freitag gewesen war, denn die Veränderungen der Emp-

findungen und des Erlebens waren von gleicher Art wie damals, nur viel tiefgehender. Ich konnte nur noch mit größter Anstrengung verständlich sprechen und bat meine Laborantin, die über den Selbstversuch orientiert war, mich nach Hause zu begleiten. Schon auf dem Heimweg mit dem Fahrrad – ein Auto war im Augenblick nicht verfügbar, Autos waren während der Kriegszeit nur wenigen Privilegierten vorbehalten – nahm mein Zustand bedrohliche Formen an. Alles in meinem Gesichtsfeld schwankte und war verzerrt wie in einem gekrümmten Spiegel. Auch hatte ich das Gefühl, mit dem Fahrrad nicht vom Fleck zu kommen. Indessen sagte mir später meine Assistentin, wir seien sehr schnell gefahren. Schließlich doch noch heil zu Hause angelangt, war ich gerade noch fähig, meine Begleiterin zu bitten, unseren Hausarzt anzurufen und bei den Nachbarn nach Milch zu fragen. Trotz meines rauschartigen Verwirrtheitszustandes konnte ich für kurze Augenblicke klar und zweckgerichtet denken – Milch als unspezifisches Entgiftungsmittel.

Schwindel und Ohnmachtsgefühl wurden zeitweise so stark, daß ich mich nicht mehr aufrechthalten konnte und mich auf ein Sofa hinlegen mußte: Meine Umgebung hatte sich nun in beängstigender Weise verwandelt. Alles im Raum drehte sich, und die vertrauten Gegenstände und Möbelstücke nahmen groteske, meist bedrohliche Formen an. Sie waren in dauernder Bewegung, wie belebt, wie von innerer Unruhe erfüllt. Die Nachbarsfrau, die mir Milch brachte – ich trank im Verlauf des Abends mehr als zwei Liter –, erkannte ich kaum mehr. Das war nicht mehr Frau R., sondern eine bösartige, heimtückische Hexe mit einer farbigen Fratze. Aber schlimmer als diese Verwandlungen der Außenwelt ins Groteske waren die Veränderungen, die ich in mir selbst, an meinem inneren Wesen spürte. Alle Anstrengungen meines Willens, den Zerfall der äußeren Welt und die Auflösung meines Ich aufzuhalten, schienen vergeblich. Ein Dämon war in mich eingedrungen und hatte von meinem Körper, von meinen Sinnen und von meiner Seele Besitz ergriffen. Ich sprang auf und schrie, um mich von ihm zu befreien, sank dann aber wieder machtlos auf das Sofa. Die Substanz, mit der ich hatte experimentieren wollen, hatte mich besiegt. Sie war der Dämon, der höhnisch über meinen Willen triumphierte. Eine furchtbare Angst, wahnsinnig geworden zu sein, packte mich. Ich war in eine andere Welt geraten, in andere Räume mit anderer Zeit. Mein Körper erschien mir gefühllos, leblos, fremd. Lag ich im Sterben? War das der Übergang? Zeitweise glaubte ich außerhalb meines Körpers zu sein und erkannte dann klar, wie ein außenstehender Beobachter, die ganze Tragik meiner Lage. Sterben ohne Abschied von meiner Familie – meine Frau war mit unseren drei Kindern an diesem Tag zu ihren Eltern nach Luzern gefahren. Ob sie jemals verstehen würde, daß ich nicht leichtsinnig, verantwortungslos, sondern äußerst vorsichtig experimentiert hatte und daß ein solcher Ausgang in keiner Weise vorauszusehen war? Nicht nur, daß eine junge Familie vorzeitig ihren Vater verlieren sollte, auch der Gedanke, meine Arbeit als Forschungschemiker, die mir soviel bedeutete, mitten in fruchtbarer, zukunftsreicher Entwicklung unvollendet abbrechen zu müssen, steigerte meine Angst und Verzweiflung. Dazwischen tauchte voll bitterer Ironie die Überlegung auf, daß ebendieses Lysergsäurediäthylamid, das ich in die Welt gesetzt hatte, mich nun zwang, sie vorzeitig zu verlassen. Der Höhepunkt meines verzweifelten Zustandes war bereits überschritten, als der Arzt eintrat. Meine Laborantin klärte ihn über meinen Selbstversuch auf, da ich selbst noch nicht fähig war, einen zusammenhängenden Satz zu formulieren. Nachdem ich ihn auf meinen vermeintlich vom Tode bedrohten körperlichen Zustand hinzuweisen versucht hatte, schüttelte er ratlos den Kopf, da er außer extrem weiten Pupillen keinerlei abnorme Symptome feststellen konnte. Puls, Blutdruck und Atmung waren normal. Er verabfolgte daher keine Medikamente, trug mich ins Schlafzimmer und wachte an meinem Bett. Langsam kam ich nun wieder aus einer unheimlich fremdartigen Welt zurück in die vertraute Alltagswirklichkeit. Der Schrecken wich und machte einem Gefühl des Glücks und der Dankbarkeit Platz, je mehr normales Fühlen und Denken zurückkehrten und die Gewißheit wuchs, daß ich der Gefahr des Wahnsinns endgültig entronnen war.

Jetzt begann ich allmählich das unerhörte Farben- und Formenspiel zu genießen, das hinter meinen geschlossenen Augen andauerte. Kaleidoskopartig sich verändernd, drangen bunte, phantastische Gebilde auf mich ein, in Kreisen und Spiralen sich öffnend und wieder schließend, in Farbfontänen zersprühend, sich neu ordnend und kreuzend, in ständigem Fluß: Besonders merkwürdig war, wie alle akustischen Wahrnehmungen, etwa das Geräusch einer Türklinke oder eines vorbeifahrenden Autos, sich in optische Empfindungen verwandelten. Jeder Laut erzeugte ein in Form und Farbe entsprechendes, lebendig wechselndes Bild.

Erschöpft schlief ich dann ein und erwachte am nächsten Morgen erfrischt mit klarem Kopf, wenn auch körperlich noch etwas müde ...
Dieser Selbstversuch zeigte, daß es sich bei LSD-25 um einen psychoaktiven Stoff mit außergewöhnlichen Eigenschaften handelte. Es war meines Wissens noch keine Substanz bekannt, die in so extrem niedriger Dosierung so tiefgreifende psychische Wirkungen hervorrief und derartig dramatische Veränderungen im Erleben der äußeren und der inneren Welt und im Bewußtsein des Menschen erzeugte ...
Ich war mir bewußt, daß der neue Wirkstoff LSD mit derartigen Eigenschaften in der Pharmakologie, in der Neurologie und ganz besonders in der Psychiatrie von Nutzen sein müsse und das Interesse der Fachgelehrten wecken werde. Allerdings konnte ich mir damals aber nicht vorstellen, daß die neue Substanz außerhalb des medizinischen Bereichs später auch in der Drogenszene als Rauschmittel gebraucht werden konnte. So wie ich LSD bei meinem ersten Selbstversuch in seiner erschreckenden Dämonie erlebt hatte, konnte ich gar nicht auf den Gedanken kommen, dieser Stoff könne jemals sozusagen als Genußmittel Anwendung finden (Hofmann 1993).

Aber genau das geschah. LSD wurde in den 70er Jahren zur Massendroge Nummer 1.

Der Aufstieg zur Massendroge

Entscheidenden Anteil hatte daran der häufig als »LSD-Apostel« apostrophierte Timothy Leary, eine der Leitfiguren der Hippiebewegung. Leary arbeitete als Psychologe an der Harvard-Universität in Boston. Während eines Urlaubs in Mexiko 1960 erstand er von einem Medizinmann die bereits erwähnten »göttlichen Pilze« (vgl. Kap. 5) und machte so seine ersten Erfahrungen mit halluzinogenen Drogen. Unter diesem Eindruck beschloß er, sich in seiner wissenschaftlichen Arbeit ganz auf die Wirkung und Anwendungsmöglichkeiten psychedelischer[1] Drogen zu konzentrieren. Die dabei formulierten Ziele muten heute etwas seltsam an: Untersucht werden sollten etwa die Möglichkeiten einer besseren Wiedereingliederung von Strafgefangenen oder die Förderung der Kreativität von Künstlern.

Allerdings verkamen diese Erhebungen, an denen zeitweise auch so bekannte Persönlichkeiten wie die Schriftsteller Aldous Huxley, Arthur Koestler und Allen Ginsberg mitwirkten, sehr bald zu reinen LSD-Parties, zu welchen sich die Studenten in Massen als freiwillige Testpersonen meldeten. In dieser Zeit bestellte Leary bei der Firma Sandoz 100 Gramm reines LSD und 25 Kilogramm Psilocybin – Mengen, die für 1 Million LSD- und 2,5 Millionen Psilocybin-Trips ausgereicht hätten. Sandoz verweigerte eine solche Lieferung jedoch.

Erwartungsgemäß dauerte es nicht allzulange, bis die Universität beschloß, Leary aus ihren Diensten zu entlassen – allerdings zu spät, um ein Überschwappen auf andere Institute des Landes zu verhindern. Vielmehr verhalf diese Maßnahme Leary zu weiterer Popularität, so daß er bei den jungen Menschen noch mehr Gehör fand.

---
[1] Psychedelisch bedeutet »die Seele entfaltend«.

Seine Erfahrungsberichte, nach denen LSD nicht nur ein ausgezeichnetes Mittel zur Selbstfindung, sondern außerdem ein phantastisches Aphrodisiakum war, wurden begeistert angenommen, und sein Slogan »turn on – tune in – drop out« (raff dich auf – schmeiß einen Trip – steig aus dem Establishment aus) wurde zum Leitmotto des Psychedelismus.

Endgültig zum Märtyrer wurde Leary, als ihn 1966 ein texanisches Gericht in einem völlig überzogenen Urteil wegen des Besitzes von Marihuana zu 30 Jahren Gefängnis verurteilte. Einige Jahre später befreite ihn allerdings eine linksradikale Untergrundorganisation, die »Weathermen«, aus der Haft, und Leary flüchtete in die Schweiz. Als er jedoch 1972 eine Reise nach Afghanistan unternahm, wurde er in Kabul von Agenten des amerikanischen Geheimdienstes verhaftet, in die USA gebracht und dort erneut ins Gefängnis gesteckt.

Inzwischen erwartete ihn auch ein neuer Prozeß, denn es hatte sich gezeigt, daß es sich bei der von Leary gegründeten »Brotherhood of Eternal Love« (Bruderschaft der ewigen Liebe) um eine gigantische Drogenmafia handelte. In einem ihrer Labors wurden 50000 LSD-Tabletten und Rohmaterial für weitere 14 Millionen Trips sichergestellt. Wie man später errechnete, muß die Bruderschaft in ihrer Glanzzeit wöchentlich Drogen im Werte von über 4 Millionen Dollar in Umlauf gebracht haben, und zwar hauptsächlich durch die berüchtigte Rockerbande »Hells Angels«.

Auch wenn die psychedelische Bewegung damit ihrer Leitfigur beraubt war – Leary wurde erst 1976 wieder in die Freiheit entlassen –, so ließ sich der Siegeszug des LSD jedoch nicht mehr aufhalten. Insbesondere experimentierten zahlreiche Rockmusiker in den 60er und 70er Jahren mit bewußtseinserweiternden Drogen und sorgten durch ihre Vorbildfunktion für eine beschleunigte Verbreitung. Viele von ihnen wollten sich durch den Drogenkonsum nicht nur von den Spießern unterscheiden, sondern erhofften außerdem einen fördernden Einfluß auf die Qualität ihrer Arbeit. »Ohne das Zeug bringe ich meine Musik nicht«, meinte beispielsweise der Gitarrist Eric Clapton, und die Mitglieder der Gruppe »Jefferson Airplane« behaupteten gar, »sie würden von Liebe und Drogen leben« (Hoffmann 1981).

Selbst der durch Drogen verursachte Tod von Janis Joplin, Jimi Hendrix, Brian Jones und anderen Rockstars konnte diese Entwicklung nicht aufhalten. Dabei gilt die Wirkung halluzinogener Drogen auf die künstlerische Schaffenskraft als außerordentlich umstritten. Nach allgemeiner Auffassung ist das Empfinden stark abhängig von den Erwartungen und Suggestionen des Konsumenten. Viele Musiker glaubten, unter Drogeneinfluß unheimlich gut zu spielen, was sich bei einem späteren Anhören der Aufnahme aber als Trugschluß erwies. So sagte ein Mitglied der deutschen Jazzrockgruppe »Sahara«: »... wir [konnten] nicht mehr beurteilen ob wir gut spielten oder schlecht. Es kam uns gut vor und in Wirklichkeit kam nur Mist dabei heraus« (Hoffmann 1981).

Sehr ähnlich äußerte sich auch Pete Townshend, Kopf der englischen Gruppe »The Who«, die in den 60er und 70er Jahren eine Reihe von Hits produzierte, die fast ausschließlich von Townshend geschrieben wurden:

> Mich beunruhigte der Gedanke, daß ich, wenn ich aufhören würde mit Drogen, ein langweiliger Mensch werden würde. Daß ich, wenn überhaupt, nicht mehr so gut würde schreiben können. Und siehe da: Als ich mit Drogen aufhörte, fiel mir das Schreiben in mancher Hinsicht leichter. Es fiel mir nicht nur leichter, ich schrieb auch besser. Ich spielte besser. Ich kam besser mit den Leuten zurecht. Es

ging aufwärts mit meinem Leben. Deshalb fühlte ich mich betrogen. Um Himmelswillen, sagte ich mir, die ganze Zeit hast du die Drogen angebetet. Du hast nie zu glauben gewagt, daß du Talent und Glück hast und in Ordnung bist. Du hast gemeint, daß du selbst nur Dreck bist, daß aber Drogen dir helfen. Ich war wütend auf mich selbst, weil ich so viel Zeit verschwendet hatte. Ich war wütend, weil ich so dumm gewesen war, ihnen vollkommen zu vertrauen (Hoffmann 1981).

Auch in der Malerei entstand unter Mithilfe halluzinogener Drogen eine eigene Kunstrichtung, die »psychedelische Kunst«. Allerdings wurden die Werke normalerweise erst nach Abflauen der Rauschwirkung geschaffen, da, wie Albert Hofmann schreibt:

... die Ausführung der bildnerischen Tätigkeit [während des Rauschzustandes] erschwert, wenn nicht gar unmöglich ist ... Die im LSD-Rausch entstandenen Produktionen weisen daher meist rudimentären Charakter auf und verdienen nicht ihres künstlerischen Wertes wegen Beachtung, sondern sind vielmehr als eine Art Psychogramm zu betrachten, das Einblick in die von LSD aktivierten, ins Bewußtsein gebrachten seelischen Tiefenstrukturen des Künstlers vermitteln (Hofmann 1993).

Alle Versuche, die Ausbreitung halluzinogener Drogen einzuschränken, waren zunächst kaum von Erfolg gekrönt. 1970 wurden allein in der Bundesrepublik Deutschland – und die war drogenmäßig gesehen tiefste Provinz – 178925 LSD-Trips sichergestellt, wobei nach realistischen Schätzungen etwa die zehnfache Menge in Umlauf war.

Nach einem deutlichen Abflauen der LSD-Welle (1986 beschlagnahmte man nur noch 22000 Trips) nahm der Gebrauch der Droge in den letzten Jahren wieder zu. Inzwischen »acid« oder »die Säure« genannt, erfuhr die Droge mit dem Einsetzen der New-Age-Welle einen erneuten Aufschwung. Besonders die Teilnehmer an den häufig mehrere Tage andauernden Techno-Tanzmarathons verwenden neben anderen Drogen häufig LSD, um ihre kräfteraubenden Wochenenden zu überstehen.

Aber auch die Hauptfiguren des LSD-Drogenkults, Timothy Leary und Albert Hofmann, wurden nicht vergessen. Bei einer New-Age-Veranstaltung, die 1987 unter dem Motto »Messe der Erleuchtungen« in Hamburg stattfand, waren sie als Ehrengäste anwesend. Und 1993 veranstaltete die Szene anläßlich der 50. Wiederkehr des Selbstversuchs Hofmanns, bei dem er schwankend mit dem Fahrrad nach Hause gefahren war, im Londoner Hyde Park ein »bicycle race«.

In der medizinischen Praxis, also dem geplanten Anwendungsgebiet, hat LSD dagegen kaum eine Rolle gespielt, nicht zuletzt deswegen, weil es auch in der Therapie sehr schnell verboten wurde, um eine weitere Eskalation zu verhindern. Hofmann bedauert dies auch heute noch, da, wie er meint, der Gebrauch der Droge im medizinischen Rahmen ungefährlich sei, und das LSD deswegen in der Psychiatrie als medikamentöses Hilfsmittel nutzbringend eingesetzt werden könnte. Zahlreiche andere Experten widersprechen dieser Ansicht.

Eine Beurteilung der Diskussion ist schwierig, da man selbst heute noch sehr wenig über den genauen physiologischen Einfluß von LSD oder auch von Psilocybin und Psilocin weiß. Ganz augenscheinlich wirken diese Drogen, die eine strukturelle Ähnlichkeit mit bestimmten hormonartigen Hirnsubstanzen wie Serotonin haben, vor allen Dingen auf das limbische und das retikuläre System des Stamm- und Zwischenhirns, also auf Regionen, die für die emotionalen Sinnesreize verantwortlich sind.

Angesichts der unzähligen Drogenopfer, die es bis heute zu beklagen gibt und von denen viele den Einstieg auch über das LSD fanden, mag einem diese Diskussion jedoch sehr akademisch erscheinen, und man ist geneigt, Arthur Stoll, dem früheren Chef der Firma Sandoz zuzustimmen, der einst zu Hofmann sagte: »Es wäre mir lieber, Sie hätten LSD nie erfunden« (Hofmann 1993).

a

Farbabb. 1a, b. Pilze haben durch ein manchmal ungewöhnliches Erscheinungsbild schon immer die Phantasie der Menschen angeregt. **a** Als Beispiel dafür kann die Gemeine Stinkmorchel (*Phallus impudicus*) gelten, die auch »Leichenfinger«, »Eichelschwamm« oder wegen ihres im Jugendstadium eiförmigen Fruchtkörpers »Hexen- bzw. Teufelsei« genannt wird. Neben seinem etwas anstößigen Aussehen verbreitet dieser Pilz auch einen fürchterlichen Gestank, so daß die meisten Waldspaziergänger – im Gegensatz zu den Schmeißfliegen – einen großen Bogen um ihn machen.

b Die becherförmigen, maximal 2 Zentimeter großen Fruchtkörper der Teuerlinge (*Cyathus*) weisen an ihrem Grunde Strukturen auf, die an Geldstücke erinnern. Deshalb galt ein vermehrtes Auftreten dieser Pilze früher als sicheres Zeichen einer bevorstehenden Teuerung. Und in diesem Fall handelte es sich wohl nicht einmal um reinen Aberglauben, denn Pilze wachsen nach verregneten Sommern besonders gut, während die Eenteerträge zumeist geringer ausfallen. Die »Geldstücke« sind in Wahrheit Sporenbehälter, die durch in den Becher fallende Regentropfen bis zu 1 Meter weit herausgeschleudert werden und so der Verbreitung der Sporen dienen.

Farbabb. 2. Einer der bekanntesten Ständerpilze (Basidiomyceten) ist der auch in unseren Wäldern recht häufige Maronenröhrling (*Xerocomus badius*).

Farbabb. 3. Schlauchpilze (Ascomyceten) sind zumeist nicht in Stiel und Hut gegliedert, sondern zeigen andere Formen, etwa becherförmige wie der Kohlenbecherling (*Geopyxis carbonaria*), der ausschließlich auf alten Brandstellen wächst.

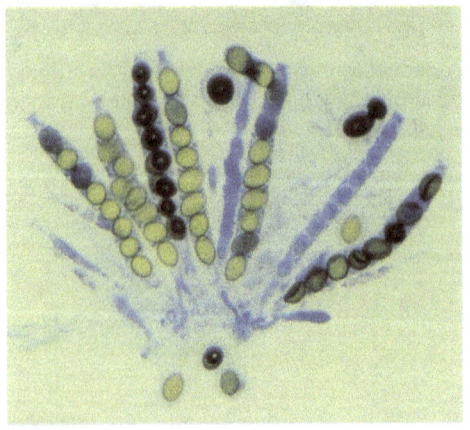

Farbabb. 4. Kennzeichnend für alle Ascomyceten ist, daß sie ihre Sporen in speziellen Schläuchen, den Asci bilden (1 Zentimeter entspricht etwa 120 Mikrometer).

Farbabb. 5 a, b. Schleimpilze (Myxomyceten) sind wohl die ungewöhnlichsten Organismen, die traditionell zu den Pilzen gerechnet werden. Im Gegensatz zu den echten Pilzen keimen ihre Sporen aber nicht mit Hyphen aus, sondern entlassen Amöben (Wechseltierchen), die – jedes für sich – auf Nahrungssuche gehen und sich regelmäßig durch einfache Zweiteilung fortpflanzen. **a** Wird die Nahrung knapp, schließen sich die Amöben zu einer schleimigen Masse zusammen, einem sogenannten Plasmodium. Wenn eine bestimmte kritische Masse überschritten ist, werden aus dem Plasmodium wie auf geheimen Befehl Sporenbehälter (Sporangien) gebildet, die häufig gestielt sind. So entsteht eine gewisse Ähnlichkeit mit echten Pilzen. **b** Die Sporangien platzen unter geeigneten Bedingungen auf und entlassen unzählige Sporen, aus denen dann wieder Amöben schlüpfen können.

Farbabb. 6. Junge Knollenblätterpilze können leicht mit Champignons verwechselt werden, so daß es immer wieder zu schweren oder gar tödlichen Vergiftungsunfällen kommt.

Farbabb. 7. Durch den Pantherpilz (*Amanita pantherina*), der eine gewisse Ähnlichkeit mit dem eßbaren Perlpilz hat, kommt es immer wieder zu Vergiftungen.

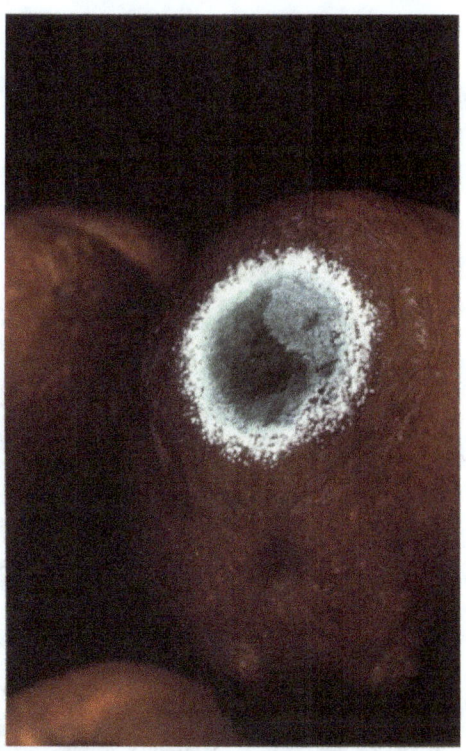

Farbabb. 8. Gelagertes Obst, wie die hier abgebildete Nektarine, ist eines der Nahrungsmittel, das sehr häufig von Schimmelpilzen befallen wird.

Farbabb. 9. Dem Fliegenpilz werden Eigenschaften nachgesagt, die auch die moderne Wissenschaft bisher noch nicht zufriedenstellend erklären kann.

Farbabb. 10. Vom Mutterkornpilz (*Claviceps*) befallene Getreidepflanzen produzieren anstelle von Samenkörnern pilzliche Überdauerungsstadien (Sklerotien), die ein gefährliches Gift enthalten.

Farbabb. 11. a Wird eine Rote Lichtnelke (*Silene alba*) vom Antherenbrand der Nelkengewächse (*Microbotryum violaceum*) befallen, bildet sie keine Staubgefäße mit Pollen mehr, **b** sondern statt dessen unzählige dunkle Brandsporen.

Farbabb. 12. Rostpilze verdanken ihren Namen den typischen roten Sommersporenlagern, die von vielen Arten gebildet werden, wie vom Birnengitterrost (*Gymnosporangium sabinae*; im Bild). Auf der Blattunterseite sind die langen, zylindrischen Aecidien zu erkennen.

Farbabb. 13. Der holzbewohnende Shiitake-Pilz (*Lentinus edodes*) wird auf Baumstämmen, dicken Ästen oder auf Sägemehl kultiviert.

14 a

Farbabb. 14 a, b. Holz gehört zu den wichtigsten natürlichen Nährsubstraten der Pilze. **a** Es wird aber nicht nur totes Holz besiedelt, **b** sondern auch ältere, lebende Bäume, die aber trotz des Befalls noch viele Jahre weiterexistieren können.

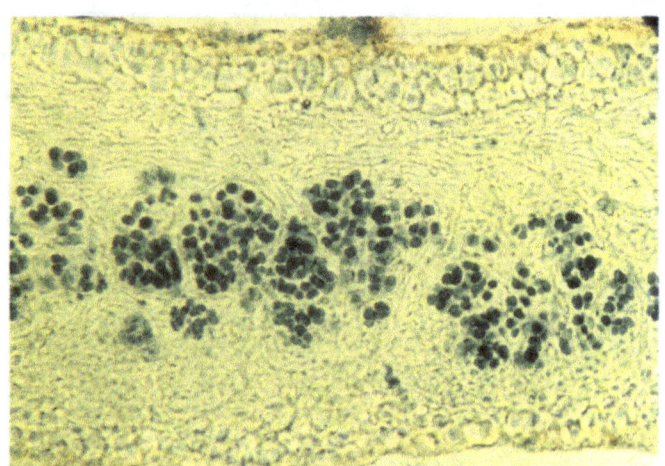

Farbabb. 15. Schnitt durch eine Blattflechte. Die vom Pilz gebildete obere und untere Rinde begrenzt einen Raum, in dem die locker von Pilzhyphen umsponnenen Photobionten, hier Grünalgen, weitgehend vor Austrocknung und ultravioletter Strahlung geschützt sind.

Farbabb. 16. Flechten wachsen auch dort noch sehr üppig, wo andere Organismen keine Lebensgrundlage mehr finden.

Farbabb. 17 a–c. Flechten werden anhand ihrer Wuchsform in **a** Krustenflechten, **b** Blattflechten und **c** Strauchflechten unterteilt.

Farbabb. 18. Die auffällig gefärbte Wolfsflechte (*Letharia vulpina*) wurde – wie der Name bereits vermuten läßt – früher zum Vergiften von Wölfen benutzt.

8 Irish Connection

> *I'm just a dacent boy just landed from*
> *Ballyfad*
> *I want a situation; yes I want it mighty bad*
> *I seen employment advertised;*
> *‚Tis just the thing says I,*
> *But the dirty spalpeen ended with:*
> *»No Irish need apply.«*
> Amerikanische Ballade
> aus dem 19. Jahrhundert

Kartoffelfäule

Wohl keine Stadt außerhalb Irlands ist so irisch geprägt wie Boston an der Ostküste der USA. Nicht nur die Architektur erinnert an die Hauptstadt der Grünen Insel, hier gibt es auch fast so viele irische Pubs wie in Dublin. Es wird Dart und gälischer Fußball gespielt, und das berühmte Basketballteam »Boston Celtics« trägt die Herkunft sogar im Namen. Fast alle Bürgermeister, die Boston in diesem Jahrhundert regierten, waren Amerikaner irischer Abstammung, wie auch der einstige Präsident John F. Kennedy seine Wurzeln in dieser Bevölkerungsgruppe hatte.

Aber nicht nur in Boston leben sehr viele Menschen irischer Herkunft, im ganzen Staat ist der Anteil dieser Bevölkerungsgruppe mit über 15% sehr hoch. Insgesamt gibt es in den Vereinigten Staaten etwa 40 Millionen irischstämmige Menschen – fast zehnmal so viel wie Iren in Irland leben. Forscht man nach der Ursache, stellt man sehr schnell fest, daß ein unscheinbarer kleiner Pilz mit dem wissenschaftlichen Namen *Phytophthora infestans* daran einen sehr großen Anteil hat. Dieser winzige Pflanzenschädling, der die Kraut- und Knollenfäule der Kartoffel verursacht, hatte Mitte des letzten Jahrhunderts mehrere Jahre hintereinander die Kartoffelernte in Irland vernichtet, so daß es zu einer großen Hungersnot kam, die unzählige Todesopfer forderte und zu einer gewaltigen Auswanderungswelle führte.

Die Kartoffel – ursprünglich in den südamerikanischen Anden heimisch – war schon Mitte des 16. Jahrhunderts nach Europa gekommen, ohne jedoch zunächst größere wirtschaftliche Bedeutung zu erlangen. In den meisten Ländern war wegen der Dreifelderwirtschaft (Wintergetreide/Sommergetreide/Brache) kein Platz für dieses exotische Gewächs. Etwas anders verhielt es sich in Großbritannien, wo es mit Wales, Schottland und Irland drei besonders arme Regionen gab, die auf billige Nahrungsmittel angewiesen waren. Und da gerade das gemäßigte, feuchte Klima und die sandig-lehmigen Böden Irlands ideale Bedingungen für den Anbau der Kartoffel boten, gewann diese Nutzpflanze dort besonders schnell an Bedeutung.

Schon bald drehte sich in Irland alles um die Kartoffel. Sie wurde hauptsächlich in platzsparenden Hügelbeeten angebaut. Dank dieser Technik reichte schon ein halber Morgen Ackerland (12,5 Ar) aus, um eine ganze Familie zu ernähren. Die Iren, die zuvor eher von der Hand in den Mund gelebt hatten, besaßen plötzlich ein Nahrungsmittel, mit dem es sich auskommen ließ, denn die Kartoffel enthält fast ebensoviel Eiweiß wie Getreide und fast die doppelte Menge an Kohlenhydraten. Als Folge der verbesserten Lebensbedingungen ging auch die besonders hohe Kindersterblichkeit zurück, so daß die Bevölkerung der Insel zu wachsen begann. Mitte des 17. Jahrhunderts hatten in Irland ungefähr 500000 Menschen gelebt. 1760 waren es bereits 1,5 Millionen, und bis 1840 war die Bevölkerung sogar auf unglaubliche 9 Millionen Einwohner angewachsen, was einem Zuwachs von 600% entspricht.

Die Kartoffel war in Irland allgegenwärtig: Fischer verkauften ihren gesamten Fang und ernährten sich von Kartoffeln. Brot bestand zur Hälfte aus Kartoffelstärke, und natürlich trank man Kartoffelbier. Ein Mann aß pro Tag durchschnittlich etwa 5 Kilogramm Kartoffeln, und einem zeitgenössischen Bericht zufolge bestand Ende des 18. Jahrhunderts die Nahrung der Iren 10 Monate des Jahres aus Kartoffeln und Milch und 2 Monate aus Kartoffeln und Salz.

Aber dann geschah etwas Unvorhergesehenes. Am 23. August 1845 lautete die schlichte Schlagzeile des *Garden Chronicle*: »Bei den Kartoffeln ist eine verheerende Krankheit ausgebrochen.« Die Blätter bekamen braune Flecken, und die Pflanze ging bald darauf ein. Die Knollen, die noch geerntet werden konnten, erwiesen sich zumeist als ungenießbar. Gerade in Irland, wo die Kartoffelpflanzen dicht an dicht standen, breitete sich die Krankheit schnell aus. Da niemand wußte, welche Ursachen dieser Seuche zugrundelagen, erging man sich in Spekulationen. Einige vermuteten, die Kartoffeln hätten wegen des verregneten Sommers zuviel Wasser aufgenommen, so daß sie nun verfaulten. Andere meinten, die Luft würde durch immer schneller fahrende Dampflokomotiven elektrisch aufgeladen, wobei die auf diese Weise veränderte Atmosphäre das Wachstum der Pflanzen in negativer Weise beeinflusse. Und nicht wenige Protestanten waren fest davon überzeugt, daß die Vernichtung der Kartoffeln eine Strafe Gottes sei, die dieser den Katholiken zugedacht habe.

Zumindest der verregnete Sommer des Jahres 1845 stand tatsächlich in direktem Zusammenhang mit den

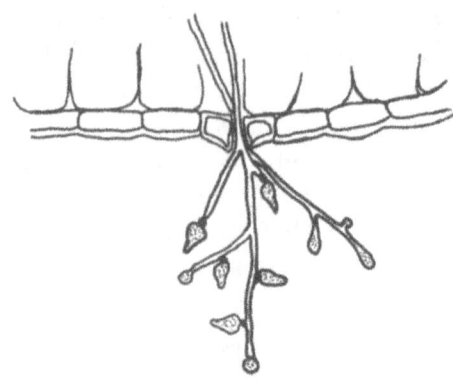

Abb. 11. Die Sporenbehälter (Sporangien) des Erregers der Kraut- und Knollenfäule der Kartoffel (*Phytophthora infestans*) entstehen an Hyphen, die der Pilz zumeist nachts aus den Atemporen (Spaltöffnungen) der Blätter herausschiebt. Bereits am nächsten Morgen haben sich in diesen Sporangien zahlreiche begeißelte Sporen gebildet, die dann neue Kartoffelpflanzen infizieren können.

Ernteeinbußen, denn unter feuchtwarmen Bedingungen gedeiht *Phytophthora infestans* besonders gut (Abb. 11). Für die Ausbreitung der Sporen tat der in Irland fast ständig wehende Wind ein übriges. Ende 1845 waren daher etwa drei Viertel der gesamten Kartoffelernte Irlands vernichtet.

Durch ein von London schnell eingeleitetes Hilfsprogramm – die Grüne Insel gehörte damals noch in ihrer Gesamtheit zum Vereinigten Königreich – gelang es, die schlimmste Not zu lindern. Aber als *Phytophthora infestans* im folgenden Sommer, der selbst für irische Verhältnisse wieder ungewöhnlich feucht und windig war, noch einmal optimale Bedingungen für seine Ausbreitung vorfand, kam es zur fast völligen Vernichtung der Kartoffelernte. So begann in Irland der Hunger. Als Folge davon suchten die Menschen ihr Heil in der Flucht, wobei die

Vereinigten Staaten von Amerika zum Hauptziel der Emigranten wurden. Wie sich zeigen sollte, hatten alle, die diesen Weg einschlugen, eine gute Entscheidung getroffen, denn auf der Insel folgte dem Katastrophensommer von 1846 ein besonders strenger Winter, so daß sich die Lage weiter zuspitzte. Auch der folgende Sommer brachte keine Linderung, und so waren schon Anfang August wieder nahezu 80% der Kartoffelernte vernichtet.

Das war das Ende. Die durch die vorangegangenen Hungerjahre geschwächten Menschen begannen an Unterernährung zu sterben. Obwohl versucht wurde, die größte Not durch Gemeinschaftsküchen zu lindern, ließ sich das Unheil nicht aufhalten. Hunderte starben Tag für Tag, so daß man die Leichen kaum schnell genug unter die Erde bringen konnte. Typhus und Cholera breiteten sich aus und verschlimmerten das Elend. Es kam zu zahlreichen Fehlgeburten, und die Säuglingssterblichkeit schnellte auf 65%. Aber auch die überlebenden Kinder waren häufig geistig behindert – eine weitere Begleiterscheinung der Kartoffelfäule, denn, wie erst 1974 festgestellt wurde, enthalten von diesem Pilz befallene Kartoffeln, die von den Iren in ihrer Not natürlich noch gegessen wurden, ein Alkaloid, das Fehlgeburten verursachen oder zu Hirnschädigungen bei den Kindern führen kann.

Als sich die Verhältnisse 1851 ein wenig zu normalisieren begannen, konnte man Bilanz ziehen. Die Zahlen waren erschütternd: Mindestens 1 Million Tote hatten die durch den kleinen Pilz verursachten Hungersnöte gefordert. Noch einmal so viele Menschen waren von der Insel geflohen. Dabei blieb die Zahl der Auswanderungswilligen auch in den folgenden Jahren weiterhin sehr hoch, so daß sich die Bevölkerung Irlands zwischen 1846 und 1900 etwa halbierte. Nahezu 35% aller Einwanderer, die zu dieser Zeit das nordamerikanische Festland erreichten, waren Iren.

Brandpilze

Neben *Phytophthora infestans* gibt es allerdings noch eine Reihe weiterer pilzlicher Nutzpflanzenschädlinge. Einige Schätzungen gehen davon aus, daß regelmäßig rund 10% der Welternte durch pflanzenpathogene Pilze vernichtet werden. Ein nicht unerheblicher Anteil daran ist den Brandpilzen zuzuschreiben, unter denen die Menschen schon sehr lange leiden, denn bereits in der Bibel heißt es in den Drohungen des Propheten Amos gegen die schwelgerischen Frauen in Samaria: »Ich plagte euch mit dürrer Zeit und Getreidebrand – dennoch bekehrt ihr euch nicht zu mir, spricht der Herr« (Amos 4, 1–9).

Obwohl sie eine wirtschaftlich nicht unbedeutende Gruppe darstellen, sind die Brandpilze nicht so gut untersucht, daß sich ihre systematische Stellung eindeutig festlegen ließe. Viele Mykologen rechnen sie zu den Basidiomyceten, aber es gibt auch andere Einordnungsversuche. Fest steht, daß es sich ausschließlich um Pflanzenparasiten handelt, deren knapp 1000 Arten in rund 50 Gattungen zusammengefaßt werden. Sie können etwa 4000 verschiedene Pflanzen befallen, darunter viele Getreidearten.

Normalerweise infizieren im Boden überwinternde Brandpilzsporen die Sämlinge ihrer Wirtspflanzen und beginnen dann deren gesamtes Gewebe zu durchwuchern. Gelangen die Hyphen dabei in bestimmte, für die jeweilige Brandpilzart typische Organe, beispielsweise die Blüte, werden sofort unzählige Querwände eingezogen, bevor das Myzel dann in Einzelzellen zerfällt, die durch eine mehrschichtige, widerstandsfähige Wand geschützt sind. Diese sogenannten Brandsporen werden in ungeheuren Mengen produziert und verleihen der Wirtspflanze das verbrannte Aussehen, das zur Namensgebung geführt hat (Farbabb. 11). Durch den Wind, aber auch bei der Ernte werden die Sporen, die in vielen Fällen jahrelang infektiös bleiben, dann verbreitet, um später aktiv zu werden, wenn in ihrer Nähe wieder die richtige Wirtspflanze angebaut wird.

Früher gelangten Brandpilze häufig auch mit dem Saatgut auf die Felder, weil sich die Getreidekörner bei der Ernte oder bei der Lagerung mit Sporen infiziert hatten. Diese Art der Verbreitung war für die Parasiten besonders günstig, da sie ja praktisch nur darauf zu warten brauchten, daß das Saatgut auf den Acker gebracht wurde und auskeimte. Dieser Gefahr begegnet man heute – neben der Züchtung resistenter Sorten – hauptsächlich durch chemische Saatgutbeizung, so daß die Ernteeinbußen durch Brandpilze in neuerer Zeit sehr viel geringer sind als früher.

Es gibt allerdings auch Brandpilzarten, denen man mit der chemischen Keule nicht so einfach zu Leibe rücken kann, da sie durch ihren speziellen Lebenszyklus gegen die herkömmlichen Methoden der Saatgutreinigung geschützt sind: Gelangen ihre Sporen durch den Wind oder durch Insekten auf die Narbe einer Wirtspflanze, keimen sie dort aus und wachsen durch den Griffel in den Fruchtknoten. Dort infizieren sie den Pflanzenembryo und gehen anschließend in ein Ruhestadium über, das viele Jahre andauern kann. In der sicheren Position im Inneren eines Saatkorns ist dem Parasiten mit äußerlich anzuwendenden Chemikalien natürlich nicht beizukommen. Er wird aktiv, sobald das Getreidekorn aufs Feld gelangt und dort auskeimt. Dann durchwuchert er das Wirtsgewebe und bildet schon bald wieder massenhaft Brandsporen.

Gegen diese Brandpilzarten half bis vor einigen Jahren nur das Eintauchen des Saatgutes in heißes Wasser. Allerdings war diese Methode auch für die Getreidekörner nicht besonders schonend, so daß stets Saatgutausfälle in Kauf genommen werden mußten. Seitdem es jedoch

Abb. 12. Bei einem Befall mit dem Maisbeulenbrand (*Ustilago maydis*) bilden die Pflanzen anstelle von Maiskolben zahlreiche Brandballen, die dicht mit dunklen Sporen gefüllt sind.

vor einigen Jahren gelang, Fungizide zu entwickeln, die auch für Embryoinfektionen verursachende Brandpilze toxisch sind, kann man heute selbst diese Pflanzenparasiten erfolgreich bekämpfen.

Zu den bekanntesten Vertretern der Brandpilze gehören:

■ der Haferflugbrand (*Ustilago avenae*), der früher in den großen Monokulturen Nordamerikas stellenweise Ernteeinbußen von bis zu 90% verursachte;

- der Maisbeulenbrand (*Ustilago maydis*), der verdächtigt wird, Aborte bei Rindern und Schweinen herbeizuführen (Abb. 12);
- der Weizensteinbrand (*Tilletia caries*), auch »Stinkbrand« genannt, der Histamine ausscheidet, die dem aus befallenem Getreide hergestellten Mehl einen unangenehmen Fischgeruch verleihen;
- der Zwergsteinbrand (*Tilletia controversa*), durch den es zur Verlangsamung der Gewichtszunahme bei Haustieren kommt, wenn befallenes Getreide verfüttert wird, sowie
- der Flugbrand des Weizens und der Gerste (*Ustilago nuda*), der trotz aller Gegenmaßnahmen in Einzelfällen auch heute immer noch Ernteeinbußen von bis zu 50% verursachen kann.

Rostpilze

Weitaus größere Schäden werden von einer anderen Gruppe von Pflanzenparasiten angerichtet, den Rostpilzen, von denen viele auf ihren Wirtspflanzen rötliche oder braune Lager bilden, so daß diese wie verrostet aussehen (Farbabb. 12). Die systematische Stellung dieser Gruppe ist ebenso unsicher wie die der Brandpilze. Manche Experten rechnen sie zu den Basidiomyceten, andere sprechen ihnen einen eigenen taxonomischen Rang zu.

Rostpilze machen dem Menschen vermutlich schon seit den Anfängen des Ackerbaus zu schaffen. So veranstalteten die Römer im Frühjahr Opferfeste zu Ehren des Gottes Robigus (lat. »robigo« = Rost), sogenannte Robigalien, bei denen sie Tiere, vorzugsweise rötlich-braune Hunde opferten. Sie hofften, die höheren Mächte würden dann dafür sorgen, daß die Ernte nicht durch Rostpilze vernichtet würde.

Als Wirtspflanzen dienen den Rostpilzen viele Zier- und Nutzpflanzen, beispielsweise Rosen, Malven, Nelken, Löwenmaul oder Sonnenblumen, aber auch Stangenbohnen, Erbsen, Spargel, Brombeeren oder Schwarze Johannisbeeren. Größere wirtschaftliche Bedeutung erhalten sie durch den Befall verschiedener Getreidearten, so daß es bis Mitte unseres Jahrhunderts immer wieder zu regelrechten Epidemien kam – nicht selten verbunden mit Hungersnöten. Besonders gefürchtet war der Schwarzrost (*Puccinia graminis*), der zwar in Mitteleuropa und anderen Gebieten mit gemäßigtem Klima keine so große Rolle spielte, in wärmeren Regionen jedoch gewaltige Schäden anrichtete. So waren noch zu Beginn dieses Jahrhunderts in den USA sowie in Süd- und Osteuropa immer wieder große Ernteverluste zu beklagen. Ähnliches gilt auch für Australien, wo es bei einem epidemieartigen Auftreten des Getreide-Schwarzrostes 1964 zu Ernteverlusten kam, die auf 10 Millionen Dollar geschätzt wurden.

Rostpilze sind in vielerlei Hinsicht erstaunliche Organismen. Besonders erwähnenswert ist der Umstand, daß sie im Gegensatz zu den meisten anderen Pilzen nicht nur eine Art von Sporen, sondern teilweise bis zu fünf unterschiedliche Formen bilden, die zudem noch auf verschiedenen Wirtspflanzen entstehen. Dadurch kommt es in vielen Fällen zu beinahe abenteuerlich anmutenden Lebenszyklen. Man muß sich manchmal wundern, wie es diesen Organismen angesichts ihrer komplizierten und umständlichen Angriffsstrategien überhaupt möglich ist, so erfolgreich zu sein.

Am Beispiel des gut untersuchten Schwarzrostes soll ein solcher Zyklus kurz dargestellt werden (Abb. 13): Er beginnt im Frühjahr damit, daß die Sporen des Rostpilzes auf Berberitzen oder Mahonien gelangen, dort auskeimen und mit ihren Hyphen in die Blätter der Wirts-

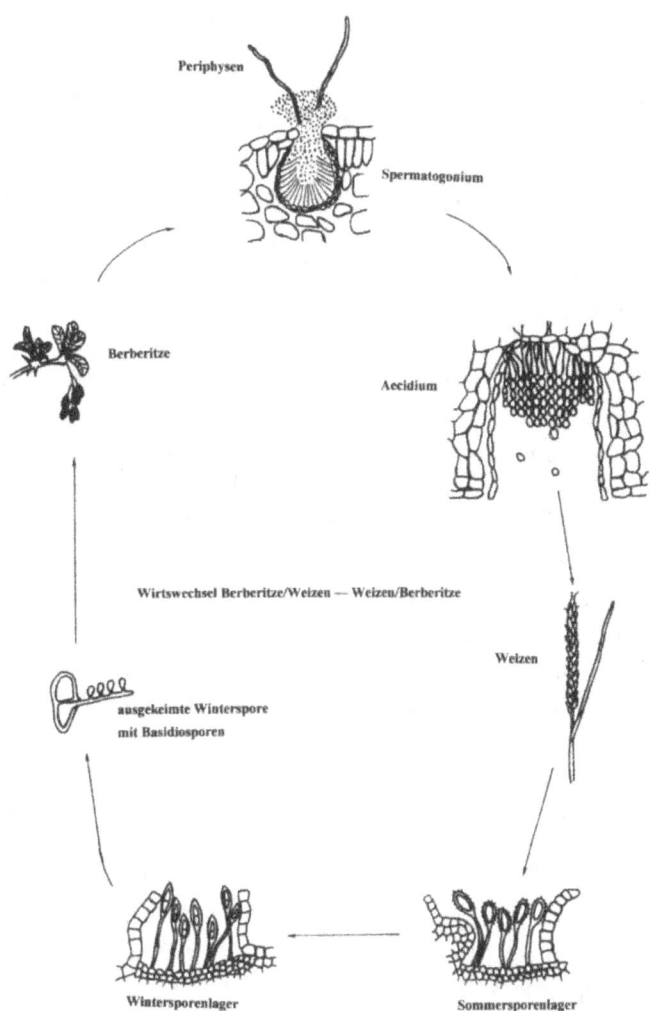

Abb. 13. Viele Rostpilzarten, wie z. B. der gefürchtete Schwarzrost des Getreides (*Puccinia graminis*), besitzen einen komplizierten Lebenszyklus mit bis zu fünf verschiedenen Sporengenerationen und einem obligaten Wirtswechsel. (nach Alexopoulos 1966)

pflanzen eindringen. Die infizierten Blätter des Strauches werden anschließend vom Pilzgeflecht durchwuchert. Dabei werden die befallenen Zellen geschädigt, was zumeist an einer deutlichen Verfärbung des Laubes zu erkennen ist. Schon kurz darauf entstehen an der Blattoberseite winzige flaschenförmige Gebilde, Spermatogonien genannt, in denen die erste Sporengeneration entsteht: die Spermatien. Die Spermatien tragen – wie der Pollen bei Pflanzen oder die Geschlechtszellen bei Tieren – zur Durchmischung des genetischen Materials bei und werden wie der Pollen vieler Pflanzen auch durch Insekten übertragen.

Damit die Insekten diese Aufgabe auch tatsächlich erfüllen, locken die Pilze sie mit einer süßen Flüssigkeit an, die von einer Reihe von Haaren (Periphysen) an der Öffnung des Spermatogoniums abgesondert wird. Da sich ein großer Teil der Spermatien mit den schmackhaften Flüssigkeitstropfen vermischt, bleiben diese Verbreitungseinheiten leicht an den Insekten haften und gelangen so auf fremde, häufig genetisch andersartige Spermatogonien. Erst wenn es zu dieser gegenseitigen »Befruchtung« zwischen unterschiedlichen Rostpilzstämmen gekommen ist, kann der Lebenszyklus weiter ablaufen. Es werden becherartige Sporenlager gebildet, die Aecidien, die jedoch nicht auf der Blattoberseite, sondern auf deren Unterseite entstehen (Abb. 14). In ihnen entwickeln sich zweikernige Aecidiosporen, die ihre Keimfähigkeit normalerweise 3 bis 6 Wochen behalten. Diese können nun zwar keine Berberitzenblätter mehr infizieren, dafür aber andere Pflanzen wie z. B. Gräser, darunter auch zahlreiche Getreidearten wie Hafer, Weizen oder Roggen.

Gelangt eine solche Aecidiospore, sei es durch den Wind oder durch Insekten, auf eine passende Getreidepflanze, keimt sie dort aus, und die Keimhyphe dringt über die Spaltöffnungen des Blattes in den Wirt ein. Da-

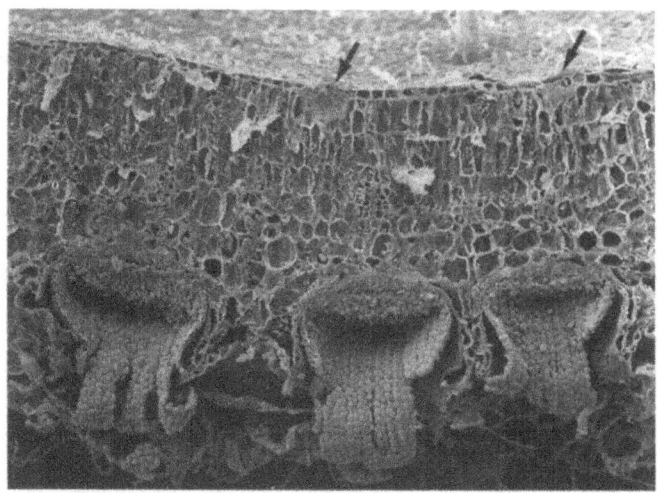

Abb. 14. Schnitt durch das Blatt einer Huflattichpflanze (*Tussilago farfara*), die von einem Rostpilz (*Puccinia poarum*) befallen ist. An der Oberseite sind die Überreste der Spermatogonien zu erkennen (*Pfeile*), an der Blattunterseite die Aecidien (1 Zentimeter entspricht 250 Mikrometer).

bei kommt ihr das regelmäßige Wachsgitter entgegen, das auf den Blättern vieler Gräser, z. B. auch des Weizens, aufgelagert ist. Denn sobald eine Hyphe auf dieses Gitter trifft, nutzt sie es, um sich parallel zur Blattachse auszurichten, und dadurch wird die Wahrscheinlichkeit stark erhöht, eine Spaltöffnung zu finden.

Einmal in die Pflanze eingedrungen, breitet sich der Pilz schnell aus und durchwuchert innerhalb kürzester Zeit einen großen Teil des Wirtsgewebes, um schließlich an der Blatt- oder Stengeloberfläche eine weitere Sporengeneration hervorzubringen: die Sommer- oder Uredosporen. Diese richten nun den eigentlichen Schaden an, denn in einem der nur wenige Millimeter großen Sommersporenlager können innerhalb von 7 bis 12 Tagen bis zu 400000 Sporen gebildet werden. Die Sommersporen

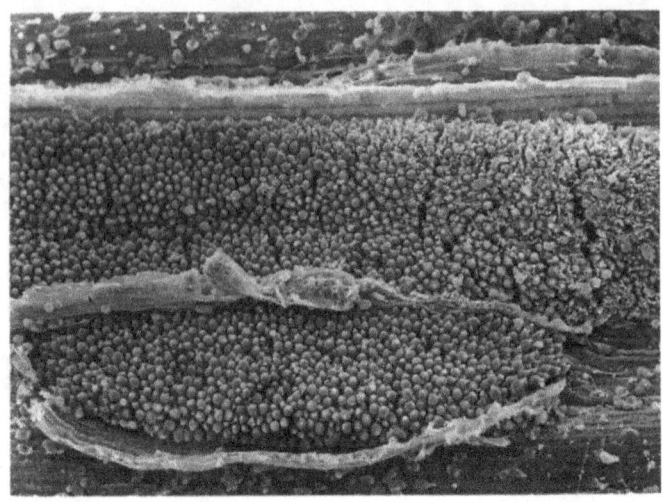

Abb. 15. In den Wintersporenlagern, die der Getreide-Schwarzrost (*Puccinia graminis*) auf den Blättern befallener Weizenpflanzen bildet, entwickeln sich unzählige dickwandige Sporen, die dafür sorgen, daß der Pilz auch die kalte Jahreszeit übersteht.

werden durch den Wind verbreitet und befallen immer neue Getreidepflanzen, an denen wiederum neue Sommersporen entstehen. Dadurch wird sehr schnell ein hoher Prozentsatz der dicht an dicht stehenden Getreidehalme eines Ackers infiziert, die dann in ihrem Wachstum zurückbleiben und natürlich auch nicht die gewohnten Ernteerträge liefern. So kann es besonders in Gebieten mit großflächigen Getreidemonokulturen zu hohen Verlusten kommen.

Gegen Ende der Vegetationsperiode entsteht dann auf den Getreidepflanzen die letzte Sporengeneration, die schwarzen, dickwandigen Winter- oder Teleutosporen, die dank ihrer Robustheit auf dem Ackerboden überwintern können (Abb. 15). Dort keimen sie im nächsten Frühjahr mit Basidien aus, an denen dann wieder berberitzeninfizierende Sporen gebildet werden, so daß der Kreislauf von vorn beginnen kann.

Selbstverständlich haben Bauern immer wieder versucht, die Ausbreitung der parasitischen Rostpilze zu verhindern. So gab es in Frankreich, wo den Menschen – auch wenn sie die Biologie dieses Erregers mit Sicherheit nicht in allen Einzelheiten kannten – ganz augenscheinlich der Zusammenhang zwischen dem Vorkommen von Berberitzen und einem gehäuften Auftreten des Getreiderostes aufgefallen war, schon im 17. Jahrhundert Gesetze zur Ausrottung der Berberitze. Auf diese Weise wollte man den Lebenszyklus des Schwarzrostes unterbrechen. Ähnliche Versuche wurden in den 20er Jahren dieses Jahrhunderts auch in den USA unternommen, wobei sich allerdings zeigte, daß Maßnahmen dieser Art nur in Gegenden mit strengen Wintern zum Erfolg führen. In wärmeren Landstrichen überstehen die Sommersporen den Winter, so daß das Getreide im kommenden Frühjahr auch ohne Zwischenwirt und dessen Sporen infiziert wird. Ein zusätzliches Problem bei der Bekämpfung von Rostpilzen ergibt sich dadurch, daß die winzigen Sporen durch Luftströmungen oft über Tausende von Kilometern verbreitet werden, so daß die lokale Ausrottung eines Zwischenwirtes das Getreiderostproblem höchstens mildern, aber nicht wirklich beheben kann.

Schwierig wird eine Bekämpfung aber häufig auch dadurch, daß der geschilderte Kreislauf nicht bei allen Rostpilzen in seiner vollständigen Form erhalten ist. Ein in unseren Gärten sehr häufiger Schädling mit reduziertem Lebenszyklus ist der Malvenrost (*Puccinia malvacearum*), der auf der Stockrose (*Althaea rosea*) parasitiert, die in vielen mitteleuropäischen Gärten zu finden ist. Vom Malvenrost sind nur noch zwei Sporengenerationen bekannt, und es gibt auch keinen Wirtswechsel. Vielmehr keimen die Teleutosporen noch auf der Wirtspflanze mit einer Basidie aus, an der dann die Basidiosporen gebildet werden, die bei dieser Art die Funktion der Sommersporen übernehmen, so daß der Pilz innerhalb kürzester Zeit sehr viele Pflanzen befallen kann. Daher hat es, wenn der Schädling erst einmal aufgetreten ist, über längere Zeit keinen Sinn mehr, Stockrosen in einem Garten anzupflanzen.

Einen ähnlich reduzierten Lebenszyklus hat auch der Kaffeerost (*Hemileia vastatrix*), der bereits wenige Jahre nachdem er 1886 in Ceylon, dem heutigen Sri Lanka, erstmals epidemieartig auftrat, den gesamten Kaffeeanbau der Insel zum Erliegen brachte, so daß die Plantagen auf Teeanbau umsteigen mußten. Genauso verhielt es sich einige Zeit später in Java, wo man sich dadurch half, daß die Plantagen auf Kautschukgewinnung umgestellt wurden. In den folgenden Jahrzehnten machte der Kaffeerost den Anbau in etwa 25 weiteren Ländern unmöglich, und seit Anfang der 70er Jahre treibt er auch in Südamerika, dem heute mit Abstand größten Kaffeeanbaugebiet der Erde, sein Unwesen. Das führte dazu, daß beispielsweise die Kaffeeproduktion in Brasilien von knapp 1,5 Millionen Tonnen im Jahre 1980 auf etwa 1 Million Tonnen im Jahre 1986 zurückging.

Und das ist sicher noch nicht das Ende, denn der erfolgsgewohnten chemischen Industrie scheint es nur schwer zu gelingen, ein erfolgreiches Bekämpfungsprogramm gegen Rostpilze zu entwickeln. Daher wird der Züchtung von weniger anfälligen Nutzpflanzenrassen immer mehr Aufmerksamkeit geschenkt. Allerdings reagieren die Pilze darauf meistens schon nach kurzer Zeit mit der Neubildung physiologischer Rassen, von denen auch die vorher resistenten Pflanzen wieder befallen werden, so daß sich die Rostpilze wohl auch in Zukunft nicht ohne weiteres ausrotten lassen.

Weitere pflanzenpathogene Pilze

Nicht nur Kartoffeln, Getreide oder Kaffee werden von Pilzen geschädigt, sondern sehr häufig auch Bäume. Als ein Beispiel von vielen kann die Welkekrankheit der Ulmen gelten, also die Ursache des sogenannten Ulmensterbens. Verursacht wird diese Baumkrankheit durch einen zu den Ascomyceten zählenden Pilz mit dem wissenschaftlichen Namen *Ceratocystis ulmi*, der Anfang des Jahrhunderts von Asien nach Europa eingeschleppt wurde und seither zu einem ständigen Rückgang des Ulmenvorkommens geführt hat.

Grund für die Schädigung der Bäume ist einerseits das im Holz der Ulmen wachsende Pilzmyzel, das die Wasserleitungsbahnen verstopft, aber auch eine Abwehrreaktion des Baumes, der versucht, durch sackartige Ausstülpungen oder durch Gummibildung dem Pilzbefall entgegenzuwirken und dabei seine eigenen Gefäße noch zusätzlich verschließt. Dadurch kommt es zunächst zum Absterben einzelner Äste, bis sich die Krankheit immer weiter ausbreitet, so daß der Baum schließlich zugrunde geht.

Besonders gefährlich wird die Ulmenkrankheit aber dadurch, daß *Ceratocystis ulmi* fleißige Helfer hat, die den Pilz verbreiten. Gemeint ist der Ulmensplintkäfer, ein Borkenkäfer, der seine Brutgänge bevorzugt in Ulmen anlegt. Dabei kommen die Insekten naturgemäß auch immer wieder mit den Konidien des Pilzes in Berührung und verschleppen diese dann auf andere Bäume.

Schon bald nachdem die Schadpilze sich in Europa ausgebreitet hatten, wurden sie über England auch nach Nordamerika verschleppt, wo sie ebenfalls große Schäden anrichteten. Allerdings folgte in den 60er Jahren dann »Uncle Sam's Rache«: Mit Holztransporten kam eine sehr viel aggressivere Varietät dieses Pilzes, die sich in

Nordamerika entwickelt hatte, nach England zurück, mit dem Erfolg, daß das Ulmensterben dort noch drastischere Ausmaße annahm. Und da diese Abart sehr bald auch in andere Teile des Kontinents gelangte, ist die Ulme inzwischen in vielen Regionen Mitteleuropas fast vollständig ausgerottet. Bisher gibt es weder Fungizide noch andere wirkungsvolle Abwehrmaßnahmen, aber man glaubt inzwischen einige Ulmenrassen gefunden zu haben, die gegenüber dieser Krankheit weniger anfällig zu sein scheinen, so daß man hoffen kann, daß die Ulme nicht irgendwann völlig von der Erde verschwindet.

Neben Ulmen sind von solchen Pilzparasiten beispielsweise auch Eichen betroffen, die durch *Ceratocystis fagacearum*, einem nahen Verwandten des Ulmenschädlings, an der sogenannten Eichenwelke erkranken können. Allerdings hat diese Krankheit bisher noch nicht die Ausmaße des Ulmensterbens erreicht, was sich aber sehr schnell ändern kann, wie man an der plötzlich aufgetretenen, aggressiveren Variante von *Ceratocystis ulmi* gesehen hat.

Pilzparasiten des Menschen

Natürlich werden nicht nur Pflanzen von parasitischen Pilzen befallen, sondern auch Menschen und Tiere. In der Regel sind pilzliche Krankheitserreger allerdings nicht so virulent wie viele Bakterien. Das bedeutet jedoch nicht, daß einige Mykosen, wie die von Pilzen verursachten Krankheiten heißen, nicht dennoch schwere Infektionen hervorrufen können.

Als Beispiel kann die Kryptokokkose, auch Europäische Blastomykose genannt, gelten, die von dem Pilz *Cryptococcus neoformans* verursacht wird. Dieser Erreger kommt normalerweise im Boden vor, läßt sich aber besonders häufig auch in Vogelexkrementen nachweisen, speziell in Taubenmist. Menschen infizieren sich mit dem Parasiten zumeist über die Atemorgane, über die der Pilz in die Lunge gelangt. Dort setzt er sich fest und breitet sich dann durch Metastasierung häufig auch auf andere Organe aus, etwa die Leber oder die Nieren. Besonders gefährlich wird eine *Cryptococcus*-Infektion, wenn der Pilz – was häufig passiert – auf das Zentralnervensystem und das Gehirn übergreift. Die Folge ist in vielen Fällen eine Meningitis, die unbehandelt fast immer tödlich verläuft. Etwa 10000 Menschen sterben in Deutschland jährlich an der Kryptokokkose, und die Tendenz ist steigend.

Wird die Krankheit rechtzeitig erkannt und richtig behandelt, liegt die Heilungschance immerhin bei 60%, aber leider sind die Symptome des Erregers nicht immer leicht zu diagnostizieren. Einer der Gründe ist, daß *Cryptococcus neoformans* – vermutlich aufgrund einer speziellen äußeren Schicht, von der der Erreger umgeben ist – häufig keine akuten Entzündungen hervorruft, so daß die körpereigene Abwehr die Eindringlinge nicht immer erkennt und daher auch nichts zu ihrer Vernichtung unternimmt. Damit fehlen natürlich auch die äußeren Anzeichen einer Infektion, wie z. B. eine erhöhte Körpertemperatur. So kann sich der Pilz unbemerkt im Körper ausbreiten und wird erst diagnostiziert, wenn bereits größere Schädigungen eingetreten sind. Eine Lungenmykose, die durch Schimmelpilze (*Aspergillus*-Arten) hervorgerufen wird, wurde in Kap. 4 beschrieben (s. S. 53).

Als besonders gefährdet gegenüber Pilzinfektionen gelten bereits erkrankte Menschen, denn alle pathogenen Pilze befallen bevorzugt geschwächte Organismen. Daher lassen sich parasitische Pilze auch häufig bei solchen Patienten beobachten, die an einer Immunschwäche wie Aids oder Leukämie erkrankt sind. Bedroht sind aber auch Menschen, die sich einer Zytostatika- und Kortikosteroidtherapie oder häufiger Röntgenbestrahlung unterziehen müssen. Diese Behandlungsmethoden erleichtern es vielen pilzlichen Erregern, in menschliches Gewebe einzudringen. Ähnliches gilt für längerfristige Antibiotikatherapien, da hierbei die natürliche Bakterienflora der Schleimhäute geschädigt wird, was wiederum einen verstärkten Pilzbefall fördert. Auch werdende Mütter gelten als besonders anfällig für Pilzinfektionen, da es während einer Schwangerschaft durch hormonelle Veränderungen im weiblichen Genitaltrakt oft zu einem Zurückweichen der normalen Milchsäurebakterienflora kommt. Ganz ähnlich verhält es sich mit künstlichen Hormonen, etwa solchen, die mit der Antibabypille aufgenommen werden. Sie können ebenfalls die natürliche Bakterienflora zerstören und so Platz für pilzliche Keime schaffen.

Die Schleimhäute des Mundes, der Verdauungsorgane und der Genitalien werden besonders häufig von Sproßpilzen befallen, von denen der Soorpilz (*Candida albicans*), der Verursacher der Kandidosen, sicher der bekannteste ist. Er ist sehr gut an den Warmblüterorganismus angepaßt, so daß er problemlos bei Temperaturen von 37°C wachsen kann. Hat sich der Erreger erst einmal erfolgreich eingenistet, dringt er häufig weiter in den Körper ein – auch hier besonders stark bei verminderter körpereigener Abwehr. Die Folge ist oft ein Befall innerer Organe, wie des Zentralnervensystems.

Nicht selten ist auch das menschliche Auge betroffen, an dem der Soorpilz gefährliche Entzündungen hervorrufen kann. Besonders bei Menschen, die einen »Feuchtberuf« ausüben, kommt es leicht zu einem Befall der Nägel oder der Haut. Auch Säuglinge, bei denen das Immunsystem noch nicht vollständig aktiviert ist, erkranken oft an einer Kandidose, mit der sie sich häufig schon bei der Geburt infizieren. Die Folge sind Ausschläge, beispielsweise im Bereich des Mundes oder in Form des berüchtigten Windelausschlags.

Die Zahl der *Candida*-Infektionen hat sich im vergangenen Jahrzehnt weltweit fast verdreifacht. Dies hat sicher mit einer verstärkten Anwendung von Antibiotika zu tun: Immer wenn ihre bakteriellen Konkurrenten durch Medikamente beseitigt werden, bekommen Pilze ja einen Wachstumsvorteil. Vor allem liegt es aber wohl auch an einem zunehmenden Gebrauch der Antibabypille (s. oben), denn gerade Frauen trifft es besonders häufig: Fast 70% aller Frauen erkranken während ihres Lebens an einer Pilzinfektion im Genitalbereich, und nicht selten gehört der Soorpilz zu den Erregern.

Eine weitere Gruppe häufig auftretender Krankheitserreger sind die Dermatophyten, die in erster Linie Haut, Haare und Nägel befallen. In Mitteleuropa leiden etwa 40% der männlichen und 30% der weiblichen Bevölkerung unter Dermatophytosen im Fußbereich, also im weitesten Sinne an Fußpilz. Diese Mykosen werden u.a. durch *Trichophyton rubrum*, *Trichophyton mentagrophytes* und *Epidermophyton floccosum* verursacht. Die Infektion mit den leicht übertragbaren Pilzen erfolgt häufig in Badeanstalten oder Duschräumen, wobei diese Arten zumeist an feuchteren Stellen Fuß fassen, wie z. B. zwischen den Zehen.

Andere Dermatophyten befallen dagegen auch trockenere Substrate, etwa Fuß- und Fingernägel oder Haare, deren Struktur durch keratinolytische Aktivitäten der Erreger stark in Mitleidenschaft gezogen werden kann. In vielen Fällen scheint die Übertragung von Hautpilzen auch durch Tiere zu erfolgen, z. B. Hunde oder Katzen und manchmal sogar durch Igel. Leider sind die meisten Dermatophyten unempfindlich gegen Seife oder vergleichbare Reinigungsmittel, so daß häufig eine mehrwöchige Fungizidbehandlung vonnöten ist.

Zum Abschluß dieses Kapitels erscheint es notwendig, ausdrücklich darauf hinzuweisen, daß Pilzinfektionen, auch wenn Pilze häufig keinen so dramatischen Krankheitsverlauf verursachen wie viele bakterielle Erreger, auf keinen Fall auf die leichte Schulter genommen werden sollten. Läßt sich äußerlicher Befall von Nägeln oder Haut noch relativ leicht mit geeigneten Fungiziden behandeln, so sind Bekämpfungsmaßnahmen gegen Pilze, die bereits in den Körper eingedrungen sind, oft sehr schwierig, weil pilzliche Erreger – als Eukaryonten – ja beispielsweise nicht auf die in großer Bandbreite vorhandenen antibakteriellen Antibiotika reagieren (vgl. Kap. 9). Deswegen muß geraten werden:

- Auch bei unbedeutend erscheinenden Pilzinfektionen den Arzt aufsuchen!

9 Zufälligkeiten

Die besten Dinge verdanken wir dem Zufall.
Giacomo Casanova

Die Entdeckung des Penizillins

»Das ist ja seltsam«, soll Alexander Fleming gesagt haben, als er seine eher zufällige Entdeckung machte, die sich später als eine der bedeutendsten in der Medizingeschichte erweisen sollte. Man schrieb das Jahr 1928, und Fleming arbeitete als Bakteriologe am St. Mary's Hospital in London.

Geboren war er 47 Jahre zuvor, am 6. August 1881, im Hochland von Ayshire im Südwesten Schottlands. Dort wuchs er in einer sehr großen Familie in einfachen Verhältnissen auf. Der Vater war Farmer; aus seiner ersten Ehe gingen vier Kinder hervor und aus der zweiten weitere vier, von denen Alexander das zweitjüngste war. Als der Vater 7 Jahre später starb, versuchten die Mutter und der älteste Bruder die Familie so gut es ging durchzubringen.

Ich denke, ich hatte das Glück, als Mitglied einer großen Familie auf einer abgelegenen Farm aufzuwachsen. Wir hatten kein Geld, und es gab auch nichts, wofür man es hätte ausgeben können. Wir mußten uns selbst vergnügen, aber das ist in einer solchen Umgebung nicht schwer. Wir hatten die Tiere der Farm und die Forellen in den Bächen. Unbewußt lernten wir viel über die Natur, wonach sich ein Stadtmensch sehr sehnt (Birch 1993).

Auch seine ersten Schuljahre verbrachte Fleming im schottischen Hochland, bevor er zu einem seiner älteren Brüder zog, um dort seine Schulausbildung zu beenden. Als 16jähriger nahm er eine Stelle bei einer Londoner Schiffahrtslinie an. Dort verbrachte er seine Tage hauptsächlich damit, Rechnungsbücher und Passagierlisten zu führen. Zwar stellte er schnell fest, daß ihn diese Arbeit nicht sehr ausfüllte, aber er sah zunächst keine Möglichkeit, seine Lage zu verbessern.

1901 schlug der Zufall zum ersten Mal zu, als ein verstorbener Onkel jedem der Flemingkinder eine kleine Erbschaft hinterließ und der junge Alexander beschloß, das Geld für ein Medizinstudium zu nutzen. Allerdings besaß er dazu nicht die notwendigen schulischen Voraussetzungen, so daß er sich einen Privatlehrer engagieren mußte, der ihm das Wissen für die verlangten Prüfungen vermittelte. Und so konnte er schon bald sein Studium beginnen. Fünf Jahre später legte er sein Examen am St. Mary's Hospital ab. Fleming spielte mit dem Gedanken, das Hospital zu verlassen, um an anderer Stelle seine chirurgische Ausbildung zu vervollkommnen. Aber dann griff der Zufall erneut ein: Alec war während seines Studiums dem Schießklub des Hospitals beigetreten und hatte sich als ausgezeichneter Schütze erwiesen. Seiner Mannschaft wurden inzwischen sogar gute Chancen eingeräumt, einen landesweiten Wettbewerb zu gewinnen. Aber dazu brauchte man ihn. Daher bemühte sich einer der Sportkameraden, ihm eine Assistentenstelle am Krankenhaus zu verschaffen, in der Absicht, seinen Weggang zu verzögern. Das Vorhaben gelang, so daß Fleming kurze Zeit später in der bakteriologischen Abteilung des St. Mary's Hospitals arbeitete. Und aus dieser als Übergangslösung gedachten Beschäftigung erwuchs im Laufe der Zeit eine lebenslange Leidenschaft.

Die Bakteriologie steckte damals allerdings noch in den Kinderschuhen, wenn auch die Ziele schon sehr hochgeschraubt waren: Man bemühte sich, ein wirksames Gegenmittel gegen die von Bakterien verursachten großen Seuchen zu finden, von denen die Menschheit immer wieder heimgesucht wurde. In erster Linie ist hier sicher die Pest zu nennen, die im 14. Jahrhundert rund ein Drittel der Gesamtbevölkerung Europas dahingerafft hatte und noch Ende des 19. Jahrhunderts in Indien 6 Millionen Todesopfer forderte. Aber neben dem »Schwarzen Tod« verlangten auch Cholera, Typhus, Ruhr, Syphilis, Fleckfieber, Lepra und Tuberkulose im Laufe der Jahrhunderte immer wieder ihren tödlichen Tribut.

Es waren jedoch nicht nur die verheerenden ansteckenden Krankheiten, die Angst und Schrecken unter den Menschen verbreiteten. Vielmehr gelang es mit den damaligen Mitteln zumeist nicht, selbst einfache bakterielle Infektionen erfolgreich zu bekämpfen: Frauen starben im Kindbett, Kleinkinder an Scharlach, und selbst eine kleine Schnittwunde führte oft zu einer Blutvergiftung und damit nicht selten zum Tode. Hatten die Bakterien erst einmal Einlaß in den menschlichen Körper gefunden, begannen sie sehr bald mit ihrem zerstörerischen Werk. Den Ärzten blieb häufig nichts anderes übrig, als tatenlos zuzusehen.

Diese Erfahrung mußte auch Fleming machen, als er im 1. Weltkrieg in einem Lazarett in Frankreich eingesetzt wurde. Wegen der zahllosen Verwundeten, die nahezu ununterbrochen eingeliefert wurden, war es den Ärzten oft nicht möglich, sich sofort um die Soldaten zu kümmern, so daß sich viele der Wunden bereits entzündet hatten, bevor die Männer endlich auf dem Behandlungstisch lagen. Besonders gefürchtet war der Gasbrand, eine schwere Entzündung, die durch überall im Erdboden vorkommende Bakterien der Gattung *Clostridium* hervorgerufen wird und der häufig nur durch Amputation der befallenen Gliedmaßen Einhalt geboten werden konnte. Wurde nicht amputiert, bedeutete die Infektion den sicheren Tod des Verwundeten. »Bald wurde deutlich, daß die Bakterien für den Feind arbeiteten. Hunderte Verwundete starben in den Lazaretten an Infektionen. Gasbrand und Wundstarrkrampf waren wohl für ein Zehntel aller Todesfälle verantwortlich«, schrieb W. Howard Hughes, ein Kollege Flemings (Birch 1993).

Die Kriegsjahre hinterließen bei Alexander Fleming einen unauslöschlichen Eindruck. Inzwischen sprach er kaum noch davon, Chirurg werden zu wollen. Seine ganze Arbeitskraft galt jetzt der Suche nach Substanzen, mit denen man bakterielle Krankheitserreger abtöten konnte.

Natürlich war Fleming nicht der erste, der sich dieser Aufgabe stellte, aber bisher waren die Ergebnisse nicht sehr ermutigend gewesen. Zwar kannte man Stoffe wie das Phenol (damals noch Karbolsäure genannt), das im Reagenzglas alle möglichen Bakterien abtötete und mit dem man beispielsweise auch medizinische Instrumente keimfrei machen konnte. Aber sobald es darum ging, eine bereits entzündete Wunde zu desinfizieren, versagte dieser Stoff.

Erst als man am St. Mary's Hospital begann, der Sache auf den Grund zu gehen, fand man heraus, daß das Phenol nicht nur die Krankheitserreger abtötete, sondern gleichzeitig auch das Immunsystem der Patienten schädigte. Die weißen Blutkörperchen (Leukozyten), die im Blut eine Art Polizeifunktion wahrnehmen und daher bei einer Entzündung vom menschlichen Körper vermehrt gebildet werden, um die eingedrungenen Bakterien zu bekämpfen, wurden vom Phenol ebenfalls abgetötet. Ohne die Hilfe des körpereigenen Immunsystems ließ sich eine ernsthafte Infektion jedoch nicht erfolgreich behandeln. Was man brauchte, war eine Substanz, die in der Lage war, Bakterien abzutöten, ohne dabei das menschliche Immunsystem anzugreifen. Fleming fand diese Substanz, wobei wieder der Zufall eine große Rolle spielte; er führte schließlich zu dem für die gesamte Menschheit so wichtigen Erfolg.

Zum Verständnis dessen, was sich 1928 ereignete, muß man an dieser Stelle einen kurzen Abstecher in die Arbeitsweise von Bakteriologen machen: Wissenschaftler, die sich mit der Erforschung dieser winzigen Organismen beschäftigen, versuchen in der Regel, ihre Untersuchungsobjekte unter künstlichen, also genau kontrollierbaren Bedingungen im Labor wachsen zu lassen. Denn nur wenn es gelingt, die Bakterien in Reinkultur zu züchten, wenn man also sicher sein kann, daß nur eine einzige Bakterienart untersucht wird, ist es möglich, eine exakte wissenschaftliche Aussage zu machen.

Normalerweise werden Bakterienkulturen in kleinen, mit Deckeln versehenen Glasschälchen gezüchtet, die man Petrischalen nennt. Diese müssen sorgfältig sterilisiert werden, damit Fremdkeime, die sich normalerweise an allen Gegenständen und auch in der Luft befinden, abgetötet werden. Das gleiche gilt für die künstlichen Nährmedien, die anschließend in die Schalen gefüllt und dann mit Bakterien beimpft werden. Auf einem solchen synthetischen Nährboden, der optimal an die Bedürfnisse der jeweiligen Bakterienart angepaßt ist, wachsen die Untersuchungsobjekte zumeist recht schnell. Die Schale ist nach einiger Zeit von einem dichten Bakterienrasen bedeckt, der anschließend untersucht werden kann.

Eine solche Bakterienkultur wollte Fleming züchten, als er Anfang August 1928 eine Reihe von Petrischalen mit Staphylokokken beimpfte. Das sind Bakterien, die aus Furunkeln, Abszessen und anderen Infektionsherden isoliert worden waren. Sie sollten während seines bevorstehenden Urlaubs heranwachsen. In seinen Ferien wird er sich dann vermutlich über das kurz darauf einsetzende schlechte Wetter geärgert haben, denn während noch im Juli in ganz England hochsommerliche Temperaturen geherrscht hatten, fiel das Thermometer im August plötzlich für etwa 10 Tage auf Werte unter 20°C. Und wie man heute weiß, spielte auch das Wetter bei der Entdeckung des Penizillins Schicksal.

Als Fleming im September an seinen Arbeitsplatz zurückkehrte, mußte er feststellen, daß in vielen seiner Schälchen neben den gewünschten Bakterien auch noch andere Organismen wuchsen: z. B. Schimmelpilze. Nun waren derartige Verunreinigungen im Grunde nichts Besonderes, denn auch bei aller Sorgfalt konnte man unter den damaligen Arbeitsbedingungen kaum verhindern, daß auf einem Teil der Petrischalen immer auch unerwünschte Organismen wuchsen. Aber in diesem Fall hatte der plötzliche Wetterumschwung auch noch seinen Teil zur Verunreinigung beigetragen, denn bei wärmerem Wetter hätten sich die Staphylokokken, die als Krankheitserreger an die relativ hohen menschlichen Körpertemperaturen angepaßt sind, so schnell auf dem Nährboden ausgebreitet, daß beispielsweise Schimmelpilze, die niedrigere Temperaturen bevorzugen, kaum eine Chance bekommen hätten zu wachsen.

Fleming sortierte die verunreinigten Kulturen aus und stellte sie in eine Wanne mit einer Desinfektionslösung, um sie auf diese Weise zu vernichten. Da es jedoch so viele unbrauchbar gewordene Petrischalen waren, erreichte die Desinfektionslösung die oberste Schicht der ausgesonderten Glasgefäße nicht mehr. Dadurch blieb zufällig auch jenes Schälchen verschont, dem später Millionen und Abermillionen Menschen in aller Welt ihr Leben verdanken sollten. Als kurz darauf ein Kollege vorbeikam, dem Flemming etwas über seine Versuche mit den Staphylokokken berichten wollte, griff er wahllos eine der oberen Schalen heraus und erwischte dabei – inzwischen nicht mehr schwer zu erraten – zufällig genau jenes Kulturschälchen, das ihn zu seinem berühmten »Das ist ja seltsam« veranlaßte.

Aber was hatte Fleming eigentlich so Seltsames gesehen? Auf dem Nährboden wuchsen nicht nur Staphylokokken, sondern auch ein Schimmelpilz. Aber damit unterschied sich das Schälchen noch nicht von den meisten anderen verunreinigten Kulturen. Seltsam war in diesem Fall nur, daß sich um den Pilz herum ein schmaler Bereich gebildet hatte, auf dem keine Bakterien wuchsen. Und dafür mußte es einen guten Grund geben, denn normalerweise entbrennt auf einem Nährboden, auf dem verschiedene Mikroorganismen wachsen, ein heißer Kampf um jeden Millimeter des begehrten Substrates. Freiwillig hätten die Staphylokokken also kaum auf dieses unbesiedelte Territorium verzichtet. Irgend etwas mußte sie am weiteren Wachstum gehindert haben, und da sich diese keimfreie Zone direkt um den Schimmelpilz herum befand, lag die Vermutung nahe, daß der Pilz etwas ausschied, was die Staphylokokken am Wachstum hinderte. Möglicherweise war das der Stoff, nach dem Fleming seit Jahren suchte.

Diese Annahme erwies sich als richtig. Wie sich später herausstellte, war die Substanz tatsächlich in der Lage, das Wachstum unzähliger Bakterienarten zu verhindern, und damit natürlich auch sehr vieler Krankheitserreger. Weil der Schimmelpilz zur Gattung *Penicillium* gehörte, nannte er die Substanz Penizillin. Noch wichtiger war allerdings, daß dieser Wirkstoff im Gegensatz zum Phenol das körpereigene Immunsystem nicht schädigte, so daß man es nicht nur äußerlich anwenden konnte, sondern damit auch Bakterien abzutöten waren, die sich bereits im Körper ausgebreitet hatten.

Nach vielen Jahren intensiver Forschung, an der zahlreiche Wissenschaftler beteiligt waren, fand am 25. Mai 1940, also mitten im 2. Weltkrieg, in Oxford der erste Tierversuch statt. Er belegte die Wirkung des Penizillins in überzeugender Weise: Acht Mäusen wurde eine tödliche Dosis krankheitserregender Bakterien verabreicht. Vier von ihnen erhielten außerdem einige Zeit später eine Penizillinspritze. Dieses Quartett lebte am nächsten Morgen noch, während die unbehandelten vier Nager tot in ihrem Käfig lagen.

Weniger als ein Jahr später, wurde bereits der erste Mensch mit Penizillin behandelt. Es war der Polizist Albert Alexander, der sich das Gesicht an einem Rosenstrauß aufgekratzt und dabei eine starke Infektion zugezogen hatte. Nach der Behandlung besserte sich sein Zustand zunächst deutlich, aber leider stand zu diesem Zeitpunkt noch nicht genug Penizillin zur Verfügung, so daß man dem Patienten nicht die notwendige zweite Dosis verabreichen konnte. Der Polizist starb einige Wochen später. Mehr Erfolg hatte man glücklicherweise mit dem nächsten Patienten, einem 15jährigen Jungen. Er lag aufgrund einer Infektion, die auf eine Hüftoperation folgte, im Sterben. Nach mehreren Penizillinspritzen wurde er vollständig gesund.

Das war der endgültige Durchbruch. Schon bald darauf brachte man das Medikament auch bei den am 2. Weltkrieg beteiligten englischen und amerikanischen Truppen zum Einsatz, wobei es nicht wenige Stimmen gibt, die behaupten, das Antibiotikum hätte einen ungeheuer wichtigen Beitrag zum Gewinn des Krieges durch die Alliierten geleistet.

Fleming wurde wegen seiner bahnbrechenden Entdeckung im Juli 1944 zum Ritter geschlagen und durfte sich nun Sir Alexander Fleming nennen. Ein Jahr darauf wurde seine Arbeit mit dem Nobelpreis ausgezeichnet. Er erhielt den Preis zusammen mit Howard Florey und Ernst Chain, zwei Oxforder Wissenschaftlern, denen es gelungen war, das Penizillin bis zur Anwendungsreife weiterzuentwickeln. 10 Jahre später, am 11. März 1955, starb Sir Alec im Alter von 74 Jahren sehr plötzlich an einem Herzinfarkt.

Wie wirkt das Penizillin?

Aus der modernen Medizin ist dieses Antibiotikum inzwischen nicht mehr wegzudenken. Heute werden weltweit jährlich mehr als 25000 bis 30000 Tonnen produziert – eine unglaubliche Menge, wenn man bedenkt, daß die Anwendungsdosis im Milligrammbereich liegt. Inzwischen weiß man auch, warum das Penizillin ein so ausgezeichnetes Mittel zur Bakterienbekämpfung ist. Die Erklärung ist recht einfach: Die Zellwand der Bakterien besteht aus dem sogenannten Mureinsacculus, einer sackförmigen Hülle aus Murein. Diese Substanz ist dem Chitin, aus dem sich der Panzer der Insekten aufbaut, sehr ähnlich. Da bei einer sich vermehrenden Bakterienkultur – und nichts anderes ist eine Entzündung – durch einfache Zweiteilung immer neue Zellen entstehen, wird naturgemäß sehr viel Zellwandmaterial benötigt, denn die neu gebildeten Organismen müssen ja alle mit einer eigenen äußeren Hülle umgeben werden.

Genau an dieser Stelle kommt nun das Penizillin ins Spiel: Da zwischen dem Antibiotikum und bestimmten Bausteinen des Mureinsacculus eine sehr große Ähnlichkeit besteht, kann ein sehr wichtiges Bakterienenzym, die Transpeptidase, die maßgeblich am Aufbau der Bakterienzellwand beteiligt ist, nicht zwischen beiden unterscheiden. Sie erwischt immer wieder eines der zahlreichen Penizillinmoleküle, die durch die Antibiotikumspritze des Arztes im Überfluß vorhanden sind. Diese versucht sie dann in den Mureinsacculus einzubauen, wobei sie allerdings schnell feststellt, daß das nicht funktioniert, weil es zwischen beiden Molekülen kleine, aber dennoch entscheidende Unterschiede gibt. Könnte die Transpeptidase nun – angewidert durch den gemeinen Betrug – den falschen Baustein fallenlassen und sich auf die Suche nach einem neuen, richtigen Molekül machen, wäre die ganze Sache für die Bakterien im Grunde kein Beinbruch. Aber genau das ist nicht möglich, denn die Bindung des Penizillins an das Enzym ist irreversibel – mit anderen Worten: das Penizillinmolekül läßt sich nicht wieder abschütteln und macht das Enzym dadurch unwirksam. Als Folge davon kann das Zellwandmaterial nicht in ausreichender Menge synthetisiert werden, und die Vermehrung der Bakterien wird unterbunden.

Damit aber noch nicht genug. Ein weiterer großer Vorteil der Penizillinbehandlung liegt in der sehr spezifischen Wirkung dieses Antibiotikums, denn es werden ausschließlich die Enzyme der bakteriellen Krankheitserreger außer Funktion gesetzt. Die menschlichen Zellen, die nicht von einem Mureinsacculus umgeben sind und somit auch keine Transpeptidase besitzen, bleiben dagegen praktisch unbehelligt. Daher gibt es – etwa im Gegensatz zum Phenol – bei einer normalen Dosierung, die einem ansonsten gesunden Menschen verabreicht wird, auch nur geringe Nebenwirkungen, sieht man einmal von einer kurzfristigen Störung der natürlichen Darmflora ab. Probleme treten eigentlich nur auf, wenn Menschen auf bestimmte Antibiotika allergisch reagieren oder wenn die Medikamente über einen sehr langen Zeitraum verabreicht werden müssen, weil es in Einzelfällen zu Schädigungen innerer Organe wie Leber und Niere oder zu einer Hemmung des Knochenwachstums kommen kann.

Antibiotikaresistente Bakterien

Ein derart wirkungsvolles Arzneimittel hätte nun eigentlich den Großteil der krankheitserregenden Bakterien innerhalb kürzester Zeit zur Bedeutungslosigkeit verdammen müssen, und optimistische Zeitgenossen sagten auch schon vor längerer Zeit den endgültigen Sieg über die bakteriellen Seuchen der Menschheit voraus. Tatsächlich kam es aber anders, denn die Bakterien schlugen zurück. Möglich war ihnen das, weil in der Natur mit einer statistischen Wahrscheinlichkeit zufällige Veränderungen des Erbgutes auftreten, sogenannte Mutationen. Solche Genmodifikationen haben beispielsweise bei den weißen Mäusen dazu geführt, daß bestimmte Farbpigmente nicht mehr produziert werden können. Daher sind die mutierten kleinen Nager nicht mehr grau und dunkeläugig wie ihre normalen Artgenossen, sondern haben ein weißes Fell und rote Augen.

Weiße Mäuse haben in der freien Natur nur sehr geringe Überlebenschancen, weil sie wegen ihres auffälligen Äußeren schnell zur Beute eines Bussards oder eines anderen Räubers werden. Anders verhält es sich dagegen mit krankheitserregenden Bakterien. Bei ihnen kann eine Mutation der Transpeptidase z. B. dazu führen, daß diese sich plötzlich nicht mehr von der Strukturanalogie der Penizillinmoleküle »aufs Glatteis führen« läßt, sondern nur noch die richtigen Substanzen (Mureinbausteine) erkennt und verwendet. Daher haben diese Krankheitserreger nun plötzlich alle vorhandenen Nährstoffe für sich allein, weil ihre nichtmutierten Artgenossen ja nach der Antibiotikagabe des Arztes zugrunde gehen. Dadurch vermehren sich die penizillinresistenten – also die durch Penizillin unangreifbaren Krankheitserreger – natürlich sehr schnell, und im Grunde wäre damit alles wie vorher: Die Ärzte müßten wieder tatenlos zusehen, wie ihnen die Patienten unter den Händen wegsterben.

Glücklicherweise hat die medizinische Forschung aber auch hier einen Ausweg gefunden. Bestärkt durch die Erfolge mit Penizillin, machten sich Heerscharen von Wissenschaftlern auf die Suche nach Substanzen, mit denen sie auch den penizillinresistent gewordenen Bakterien den Garaus machen konnten. Und sie wurden fündig: Insgesamt wurden weltweit mehr als 6000 verschiedene Antibiotika isoliert, von denen sich etwa 100 gegen bakterielle Krankheitserreger einsetzen lassen.

Der Hauptgrund für die große Diskrepanz zwischen den isolierten und verwendeten Antibiotika hat damit zu tun, daß viele Antibiotika zwar strukturell unterschiedlich sind, aber dennoch eine identische Wirkung zeigen, so daß man nur die benutzt, die die größte Effektivität haben. Eine Reihe von Antibiotika sind für den Menschen aber auch toxisch und können daher gar nicht eingesetzt werden.

Heute werden etwa 90% der Wirkstoffe von Bakterien produziert, nicht von Pilzen. Zu den wichtigsten aus Pilzen gewonnenen Substanzen zählen Betalactam-Antibiotika, darunter die Penizilline und Cephalosporine, sowie Griseofulvin. Daneben gibt es noch unzählige halbsynthetische Antibiotika – allein durch Abwandlung des Penizillingrundkörpers rund 50000 – und vollsynthetische. Trotz der relativ geringen Zahl wirksamer Substanzen spielen die Pilze eine sehr wichtige Rolle auf diesem Sektor, denn von den 25000 bis 30000 Tonnen, die jährlich produziert werden, machen die Betalactam-Antibiotika etwa zwei Drittel aus.

Unter den neueren Antibiotika gibt es auch welche gegen diejenigen Bakterienstämme, denen das Penizillin nichts mehr anhaben kann. Der Grund liegt darin, daß diese neuen Wirkstoffe nicht in die Zellwandsynthese eingreifen, sondern andere Stellen des bakteriellen Stoffwechsels beeinflussen, so daß den resistenten Krankheitserregern die zu ihren Gunsten veränderte Transpeptidase nichts mehr nützt.

Die Wirkungsmechanismen dieser neueren Antibiotika sind recht unterschiedlich: Einige heften sich an die Ribosomen, also an jene winzigen intrazellulären Partikel, an denen die Proteinbiosynthese stattfindet. Sie stören dadurch den für alle Zellen überlebenswichtigen Vorgang so sehr, daß die Keime zugrunde gehen. Die menschliche Zelle, die natürlich auch Ribosomen besitzt, wird nicht geschädigt, weil es strukturelle Unterschiede zwischen den Ribosomen der Bakterien und derjenigen höher entwickelter Lebewesen gibt, so daß auch dieses Antibiotikum ziemlich gefahrlos angewendet werden kann. Daneben gibt es Substanzen, die die Nukleinsäuresynthese[1] hemmen, also beispielsweise verhindern, daß sich die DNA verdoppeln kann oder daß die genetische Information mit Hilfe der RNA zu den Ribosomen gelangt. Andere bewirken eine Störung der Atmungskette[2], schädigen die Bakterienmembran oder beeinflussen den Eisentransport in den Krankheitserregern.

Durch die Vielzahl der unterschiedlich wirkenden Antibiotika sollte die Medizin eigentlich gut genug gerüstet sein, um allen Angriffen bakterieller Krankheitskeime gelassen entgegen zu sehen. Leider ist das aber nicht der Fall, denn kaum wird ein neues Mittel eingesetzt, tau-

---

[1] Die Nukleinsäure DNA ist der Träger der Erbinformation; die RNA ist an der Umsetzung dieser Information beteiligt.

[2] Eine Stoffwechselleistung, mit deren Hilfe die Bakterien über eine Reihe von chemischen Reaktionen ihre zum Leben notwendige Energie gewinnen.

chen auch schon wieder Bakterien auf, die sich so verändert haben, daß sie auf den neuen Wirkstoff nicht mehr ansprechen. Das kann beispielsweise daran liegen, daß die Zellwand der Krankheitserreger durch Mutationen für antibakterielle Substanzen undurchlässig wird oder daß eingedrungene Wirkstoffe einfach wieder ausgeschleust werden. Manche Stämme besitzen auch Enzyme, mit denen sie ein Antibiotikum zerstören, bevor es aktiv werden kann, oder sie wandeln es bis zur Wirkungslosigkeit ab.

Inzwischen hat sich die Suche nach immer neuen antibakteriellen Wirkstoffen und die Gegenwehr der Bakterien zu einem Wettrennen entwickelt, das an jenes zwischen dem Hasen und dem Igel erinnert. Konnte man anfangs noch glauben, der Mensch müsse mit seinem inzwischen beachtlichen Wissen über einzelne Lebensvorgänge und dem gewaltigen Aufwand an Technologie in der Lage sein, den Bakterien mit Leichtigkeit Paroli zu bieten, gibt es inzwischen immer mehr Experten, die davor warnen, die Anpassungsfähigkeit der Bakterien zu unterschätzen. Die Zahlen, die von der Weltgesundheitsorganisation (WHO) z. B. zu den aktuellen Tuberkuloseerkrankungen veröffentlicht werden, geben tatsächlich Anlaß zur Besorgnis: Insgesamt ist etwa ein Drittel der Weltbevölkerung mit Tuberkelbazillen infiziert, und 3 Millionen Menschen sterben jährlich an dieser Krankheit. Ein besonders starker Anstieg der Tuberkulosefälle ist seit Ende der 80er Jahre in Osteuropa festzustellen, wo es in 5 Jahren etwa 29000 Todesfälle zu beklagen gab. Aber auch in Mitteleuropa breitet sich diese Krankheit inzwischen wieder stärker aus. So starben 1990 in der Bundesrepublik Deutschland mehr Menschen an der Schwindsucht als an der Immunschwäche Aids, und in Italien und der Schweiz registrierte man eine Zunahme der Neuerkrankungen um 28 beziehungsweise 33%.

Zu einem gewissen Teil ist der verstärkte Vormarsch der Tuberkulose auf resistent gewordene Bakterienstämme zurückzuführen, mit denen Tuberkulosepatienten andere Menschen infizieren. Aber das ist leider nur die halbe Wahrheit, denn die Bakterien haben unglücklicherweise noch weitere Möglichkeiten, aktiv erfolgreich zu werden, wie etwa durch die Übertragung genetischen Materials. Normalerweise geschieht das bei der Konjugation, einer Art von bakterieller Paarung, während der Teile des Genoms ausgetauscht werden können – darunter natürlich auch Resistenzgene. Früher glaubte man, eine solche Konjugation gäbe es nur zwischen Bakterien der gleichen Art. Inzwischen weiß man jedoch, daß selbst Bakterien, die nur sehr weitläufig miteinander verwandt sind, genetisches Material austauschen können. Aus diesem Grund ist es nicht unvorstellbar, daß beispielsweise ein Tuberkelbakterium eine gegen Penizillin erworbene Resistenz auf einen Pesterreger überträgt. Und geschieht dies in einer Klinik, wo es trotz aller Bemühungen um möglichst septische Bedingungen naturgemäß besonders viele Krankheitskeime gibt, kann sich ein solches Bakterium mit einiger Wahrscheinlichkeit weitere Resistenzen erwerben, so daß – zumindest in der Theorie – Erreger vorstellbar sind, denen unsere Antibiotika irgendwann nichts mehr anhaben können.

Daher wird es auch in Zukunft darauf ankommen, im Wettlauf mit den Bakterien die Nase immer ein wenig vorn zu behalten. Und vielleicht wird der Zufall es irgendwann sogar wieder einmal fügen, daß man auf einen Pilz oder einen anderen Organismus stößt, der eine Substanz produziert, die helfen kann, auch Krankheiten wie Krebs oder Aids endgültig ihren Schrecken zu nehmen.

10 Die kulinarische Bereicherung

> *O, große Kräfte sind's, weiß man sie recht zu pflegen, die Pflanzen, Kräuter, Stein' in ihrem Innern hegen.*
> William Shakespeare in *Romeo und Julia*

Die Produktion von Antibiotika ist zweifellos eine der wertvollsten Eigenschaften, die wir den Pilzen verdanken – eine Aussage, der sicher auch die Wein- und Bierliebhaber, die jetzt zu ihrem Recht kommen sollen, uneingeschränkt zustimmen werden. Daneben gibt es aber noch eine Vielzahl weiterer, von Pilzen produzierter Substanzen, ohne die unser Leben heute nur schwer vorstellbar wäre.

Wo Bacchus das Feuer schürt

Die Weinherstellung ist seit Urzeiten Kulturgut der Menschen. Weinamphoren, die man im Zweistromland (Mesopotamien) gefunden hat, sind etwa 6000 Jahre alt. Bald darauf muß das alkoholische Getränk auch seinen Weg nach Ägypten gefunden haben, denn von dort stammen sehr frühe bildliche Darstellungen der Weinlese und Weiterverarbeitung der Trauben. Auch die Bibel berichtet im Alten Testament bereits von der Herstellung und den Gefahren dieses alkoholischen Getränks, denn im 1. Buch Moses 9, 20–21 heißt es: »Noah aber fing an und ward ein Ackermann und pflanzte Weinberge. Und da er von dem Wein trank, ward er trunken und lag in der Hütte aufgedeckt.«

Noah kann allerdings nicht der einzige gewesen sein, der diesem Getränk seinerzeit kräftig zugesprochen hat, denn in der Nähe von Jerusalem hat man einen in den Fels geschlagenen Weinkeller gefunden, der auf etwa 500 bis 600 v. Chr. zurückdatiert werden konnte und ein geschätztes Fassungsvermögen von über 2000 Hektoliter besaß.

Im antiken Rom konnte der Weinanbau und seine Verarbeitung durch den Einsatz von Sklaven in noch größerem Maßstab betrieben werden. Trinken durften den Rebensaft allerdings nur die Männer; Frauen war der Genuß unter Androhung der Todesstrafe verboten. Ganz augenscheinlich wurde diese frühe Prohibition genau überprüft, denn es heißt, viele altgediente Ehemänner hätten ihre Frauen nur noch geküßt um festzustellen, ob sie nicht heimlich Wein getrunken hatten.

Es waren aber nicht nur die begüterten Bevölkerungsschichten des Römischen Reiches, die in den Genuß des begehrten Rebensaftes kamen. Der Wein gehörte auch zur normalen Verpflegungsration der Legionäre, so daß sich der Weinanbau durch die zahlreichen römischen Eroberungen sehr bald über weite Teile Europas erstreckte. Die Versorgung der Soldaten mit alkoholischen Getränken erfolgte allerdings weniger aus Menschenfreundlichkeit, sondern diente in erster Linie der Gesunderhaltung der Legionäre, da Wein und Bier praktisch die einzigen keimarmen Getränke waren, die damals zur Verfügung standen.

Natürlich wußte man zu dieser Zeit noch nicht, warum aus einfachem Traubensaft ohne weiteres menschliches Zutun plötzlich ein berauschendes Getränk wurde. Erst im 18. Jahrhundert konnte der französische Chemiker Antoine Laurent de Lavoisier (1743–1794) nachweisen, daß bei der alkoholischen Gärung Zucker in Alkohol und Kohlendioxid umgewandelt wird. Allerdings war es ihm nicht vergönnt herauszufinden, wie dieser Vorgang genau vor sich geht, da er während der Französischen Revolution als ehemaliger Steuerpächter der Erpressung angeklagt wurde und bald darauf auf der Guillotine sein Leben lassen mußte. So blieb es zunächst dabei, daß man die Gärung für einen einfachen chemischen Prozeß der Umwandlung und nicht etwa für eine Stoffwechselleistung von Mikroorganismen hielt.

Erst Louis Pasteur (s. auch S. 3) konnte 1856 zeigen, daß kleine Pilze, genauer gesagt einzellige Hefepilze, für die Produktion des Alkohols verantwortlich sind. Pasteur wurde 1822 als Sohn eines Gerbers in der ostfranzösischen Kleinstadt Dôle geboren und wollte eigentlich Kunstmaler werden, bis er sich auf Anraten seiner Lehrer doch noch dem Studium der Naturwissenschaften, insbesondere der Chemie, widmete. Nach einigen Erfolgen auf dem Gebiet der Stereochemie wurde er 1849 von der Straßburger Universität zum Professor ernannt, von wo er einige Jahre später nach Lille wechselte. Dort wandte sich kurz darauf Monsieur Bigo, der Besitzer einer kleinen Alkoholfabrik, mit einem großen Problem an den jungen Wissenschaftler: Bigo hatte damit zu kämpfen, daß der Rübenzuckersaft, aus dem er Alkohol herstellen wollte, immer wieder einmal sauer und damit unbrauchbar wurde.

Pasteur ließ sich verschiedene Proben aus den Fässern der Alkoholfabrik geben und betrachtete sie unter dem Mikroskop. Dabei fielen ihm in den gesunden Kulturen unzählige kleine Kügelchen auf, die er als Pilze, genauer als Hefen, identifizierte. In der sauer gewordenen Flüssigkeit dagegen fehlten diese einzelligen Pilze oder waren nur in sehr geringen Mengen vorhanden. Dafür wimmelte es dort von sehr viel kleineren, stäbchenförmigen Lebewesen.

Mit dieser Beobachtung glaubte der erfahrene Chemiker einen Ansatz für die Bewältigung dieses Problems gefunden zu haben, so daß er seine Untersuchungen fortführte. Dabei konnte er beobachten, daß viele der Hefen kleine Auswüchse bildeten, die nach und nach immer größer wurden, bis sie sich schließlich von der Mutterzelle trennten und ein eigenes Dasein führten. Außerdem stellte es fest, daß in den verdorbenen Kulturen desto mehr Stäbchen vorhanden waren, je saurer die Lösung war.

Pasteur zog aus diesen Beobachtungen die richtigen Schlüsse: In den gesunden Kulturen wuchsen und vermehrten sich Hefezellen, die dort dank der nahrhaften Flüssigkeit prächtig gediehen. Und während sie den reichlich vorhandenen Zucker des Saftes verbrauchten, gaben sie als Abfallprodukte Alkohol und Kohlendioxid ab. In den verdorbenen Kulturen hatten sich dagegen die stäbchenförmigen Organismen, bei denen es sich – wie wir heute wissen – um Bakterien handelte, stark vermehrt und dabei große Mengen Säure produziert, so daß die Ansätze unbrauchbar waren.

Bei vielen Kollegen Pasteurs, darunter so berühmten Chemikern wie Justus Liebig (1803–1873), rief diese Interpretation völliges Unverständnis oder sogar Empörung hervor. Andere hielten die Idee für so abwegig, daß sie nur in polemischer Form darauf reagierten, z. B. mit Zeichnungen, in denen zuckerfressende Mikroben zu sehen waren, die Alkohol urinierten und denen Kohlendioxid starke Blähungen verursachte. Allerdings konnte Pasteur in den nächsten Jahren lückenlos nachweisen, daß es tatsächlich lebende Organismen waren, in erster Linie Hefen, die für die alkoholische Gärung sorgten.

Bevor wir auf den Vorgang der alkoholischen Gärung näher eingehen, sollten wir uns zunächst einmal ansehen, was man sich eigentlich unter Hefen vorzustellen hat. Der Begriff leitet sich von dem mittelhochdeutschen Wort »heffe« ab, was soviel wie »heben« bedeutet. Eine ähnliche Bedeutung hat auch das französische »levure« (»lever« = aufgehen, erheben), während das englische »yeast« oder das holländische »gist« Schaum bedeutet.

Es gibt eine Vielzahl unterschiedlicher Organismen, die aufgrund der typischen Abschnürung von Tochterzellen als Hefen bezeichnet werden. Die meisten Arten gehören zu den Ascomyceten. Es gibt aber auch bei anderen Pilzen, beispielsweise einigen Basidiomyceten, bestimmte Phasen des Lebenszyklus, die man Hefestadien nennt.

Die Mehrzahl der Hefen besteht nur aus einer einzelnen Zelle, die zumeist kugel- bis eiförmig ist (Abb. 16). In der Regel beträgt ihr Durchmesser etwa 6 bis 8 Mikrometer (ein Menschenhaar ist dagegen etwa 70 Mikrometer dick). Sie sind also so klein, daß man sie nur unter dem Mikroskop erkennen kann. Dort sieht man allerdings an den ansonsten gleichförmigen und eher uninteressant aussehenden Hefezellen fast sofort die rundlichen Auswüchse unterschiedlicher Größe, die bereits Pasteur beschrieben hatte. Dabei handelt es sich um Sproßzellen, also um jene Tochterzellen, die von der Mutterzelle gebildet und später abgeschnürt werden, um anschließend als eigenständiger Organismus weiterzuleben. Die Sprossung der Hefen ist also eine Form der ungeschlechtlichen Vermehrung, und zwar eine sehr effektive, denn die Verdopplung des gesamten Lebewesens dauert unter optimalen Bedingungen nicht länger als 90 Minuten. Schneller sind nur einige Bakterien, wie z. B. das Darmbakterium *Escherichia coli,* das zur Verdopplung gerade mal 20 Minuten benötigt. Bestmögliche Bedingungen vorausgesetzt, entstehen rechnerisch also nach 6 Stunden aus dem ursprünglichen Organismus 16 Hefezellen; nach 24 Stunden sind es bereits knapp 70000 und nach 2 Tagen etwa 5 Milliarden.

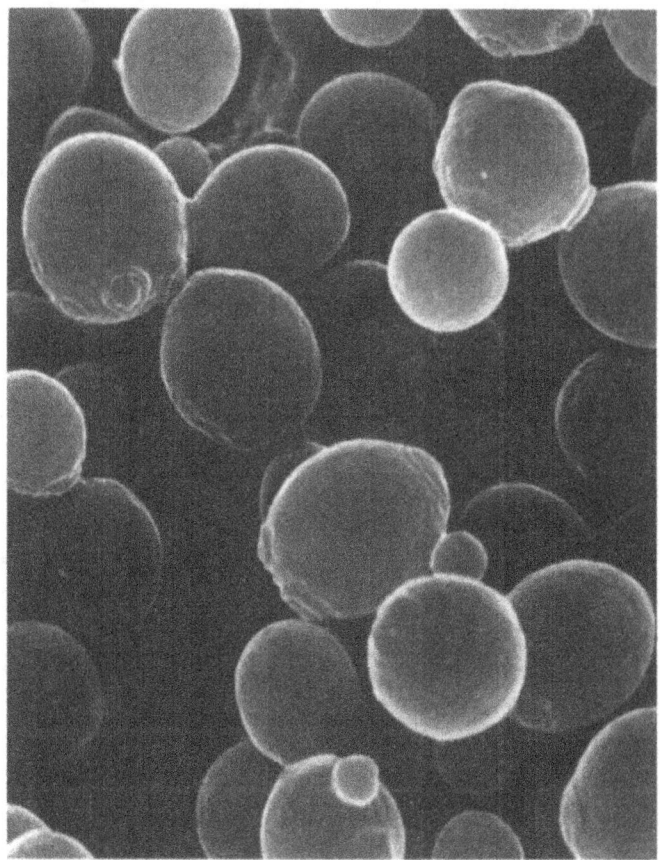

Abb. 16. Bei der Bäckerhefe (*Saccharomyces cerevisiae*) handelt es sich um winzige Einzelzellen, die sich unter optimalen Bedingungen sehr schnell vermehren können und dann in milliardenfacher Zahl dafür sorgen, daß Traubensaft zu Wein vergoren wird.

Da die Vermehrung ohne einen andersgeschlechtlichen Partner erfolgt, spricht man von ungeschlechtlicher, vegetativer oder asexueller Fortpflanzung, bei der es nicht zu einer Neukombination beziehungsweise Rekombination der Erbanlagen kommt. Nun sind die Hefen zwar auch zu einer geschlechtlichen Fortpflanzung in der Lage, aber zu schnödem Sex lassen sich diese puritanischen Pilze oft erst herab, wenn sich ihre Lebensbedingungen drastisch verschlechtern. Der Grund dafür ist leicht einzusehen: Bei der sexuellen Fortpflanzung entstehen Sporen, die sehr viel robuster sind als die vegetativen Hefezellen, also ein Austrocknen oder ähnlich harsche Bedingungen besser überstehen.

Für die Herstellung von Wein ist nur eine einzige Hefeart verantwortlich, die zu den Ascomyceten gehörende *Saccharomyces cerevisiae*, auch Bäcker-, Wein- oder Bierhefe genannt. Dieser Pilz kann aus Zucker Alkohol – genauer müßte man Ethanol sagen – produzieren, und zwar aufgrund einer ganz bestimmten, recht ungewöhnlichen Eigenschaft: *Saccharomyces cerevisiae* ist in der Lage, sowohl unter aeroben als auch anaeroben Bedingungen zu leben, das heißt, sie kann nicht nur in Anwesenheit von Luft existieren, sondern auch unter Luftabschluß.

Mit dieser Fähigkeit ist sie den meisten anderen Lebewesen einen großen Schritt voraus, denn diese benötigen zum Überleben entweder Sauerstoff (fast alle Tiere und Pflanzen) oder sie vertragen gar keinen Sauerstoff, sondern sterben in Anwesenheit von Luft (eine Reihe von Bakterien). Die Hefen richten sich dagegen nach Angebot und Nachfrage. Ist Sauerstoff vorhanden, dann nutzen sie diesen für ihre Stoffwechseltätigkeit und verbrennen ihre Nahrung zu Kohlendioxid und Wasser. Bei diesem Vorgang wird sehr viel Energie für die Aufrechterhaltung der Lebensfunktionen gewonnen:

Zucker und Sauerstoff → Kohlendioxid und Wasser
$C_6H_{12}O_6 + 6\ O_2 \rightarrow 6\ CO_2 + 6\ H_2O$

Fehlt aus irgendeinem Grund der Sauerstoff, ist das für die Hefe immer noch nicht weiter tragisch, denn sie gerät nicht, wie es bei jedem Menschen der Fall wäre, in Atemnot und erstickt, sondern sie schaltet ihren Stoffwechsel auf die anaerobe Lebensweise um. Unter diesen Bedingungen wird die Nahrung jetzt nicht mehr zu Kohlendioxid und Wasser abgebaut, sondern nur noch bis zum Zwischenprodukt Alkohol (Ethanol):

Zucker → Kohlendioxid und Ethanol
$C_6H_{12}O_6 \rightarrow 2\ CO_2 + 2\ C_2H_5OH$

Da die Hefen durch diese Form des Stoffwechsels weniger Energie gewinnen – schließlich wird ja nicht mehr der ganze Abbauweg bis zum Endprodukt durchlaufen –, können sie sich zwar nicht mehr ganz so schnell vermehren wie an der Luft, aber es reicht immerhin noch für ein recht komfortables Dasein.

Diese Fähigkeit der Hefen, auch unter anaeroben Bedingungen leben zu können und dabei Zucker bis zur Stufe des Ethanols abzubauen, macht sich der Mensch nun bei der Weinherstellung zunutze. Dazu wird der Saft von Früchten mit Hefezellen vermischt: In Mitteleuropa sind es zumeist Weinbeeren, in anderen Teilen der Erde verwendet man z. B. auch Bananen oder den Saft von Palmen. Die Hefen dürfen zunächst in Anwesenheit von Sauerstoff wachsen, damit sie sich gut vermehren. Einige Tage später wird das Gefäß dann mit einem wassergefüllten Gärverschluß versehen, der zwar Kohlendioxid entweichen, aber keinen Sauerstoff eindringen läßt. Die Folge ist, daß die Hefen ihren Stoffwechsel umstellen müssen und jetzt Ethanol produzieren, und zwar so lange, bis der Alkoholgehalt irgendwann derart hoch wird, daß die Hefezellen nicht mehr wachsen können.

An der Weinherstellung ist, wie gesagt, praktisch nur eine einzige Hefeart beteiligt, aus der man aber inzwischen die verschiedensten Rassen mit den unterschiedlichsten Eigenschaften gezüchtet hat. So verträgt beispielsweise eine Heferasse für Tokajer höhere Alkoholkonzentrationen (bis zu 18%) als eine Hefe, die für die Herstellung eines leichten Moselweins (etwa 10%) verwendet wird. Daneben hat die Wahl der Heferasse auch einen gewissen Einfluß auf das Bukett des Weines.

Es gibt einen weiteren Pilz, der für die Herstellung bestimmter Weine eine ganz entscheidende Rolle spielt. Die Rede ist vom Grauschimmel (*Botrytis cinerea*), einem parasitischen Schimmelpilz, der oft auch Weinbeeren befällt und schädigt. Normalerweise ist das natürlich unerwünscht, weil der Befall, wenn er im Sommer oder Frühherbst erfolgt, zu größeren Ernteeinbußen führen kann. Bei einer Infektion im Spätherbst sind die Weinbauern dagegen eher erfreut, wenn ihre Beeren von Grauschimmel überzogen sind. Der Grund dafür ist, daß der Pilz für ein Absterben der äußeren Zellschichten der Beeren sorgt, was wiederum zu einem starken Flüssigkeitsverlust führt. Dadurch trocknen die Weinbeeren oft innerhalb weniger Tage rosinenartig ein, und es kommt zur sogenannten Edelfäule, bei der der Zuckergehalt auf fast 80% ansteigen kann. Aus solchen Weinbeeren wird dann die besonders hochwertige Trockenbeerenauslese gewonnen.

Der Deutschen liebstes Getränk

Auch das zweite, seit Urzeiten bekannte alkoholische Getränk, das Bier, verdankt seine berauschende Wirkung *Saccharomyces cerevisiae*. In diesem Fall werden aber nicht zuckerreiche Fruchtsäfte vergoren, sondern stärkehaltige Ausgangsstoffe wie Gerste, Weizen, Reis oder Mais, die vom Hefepilz nicht so ohne weiteres in Alkohol umgewandelt werden können. Daher läßt man die Getreidekörner zunächst keimen. Dadurch werden Enzyme frei, die die Stärke in Zuckermoleküle zerlegen, die nun von der Hefe verwertet werden können. In neuerer Zeit schließt man die Stärke aber immer häufiger vorab mit Enzympräparaten auf, die man aus anderen Pilzen, etwa *Aspergillus*-Arten, gewinnt.

Das eigentliche Vergären der Maische erfolgt dann wie beim Wein, wenn auch in der Regel kein so hoher Alkoholgehalt erreicht wird. So hat ein normales Pils oder Weizenbier rund 4% Alkohol, ein herkömmliches Bockbier etwa 5 bis 6% und das sehr starke Eisbockbier bis zu 9%. Sogenanntes alkoholfreies Bier weist immerhin noch einen Alkoholgehalt von 0,5% auf.

Der Eisbock wurde erst 1890 zufällig durch die Nachlässigkeit eines Brauergesellen entdeckt, der nach einem langen Arbeitstag keine Lust mehr hatte, die noch auf dem Hof stehenden Bockbierfässer in den Keller zu schaffen. Da es in der folgenden Nacht jedoch starken Frost gab, war das Bier am nächsten Morgen zu Eis erstarrt und die Fässer geplatzt. In der Mitte der Eisblöcke hatte sich allerdings das nicht gefrorene Konzentrat angesammelt, das der Geselle auf Geheiß seines Braumeisters zur Strafe austrinken mußte. Und dabei soll er dann festgestellt haben, daß es sich um ein wohlschmeckendes, wenn auch sehr starkes Getränk handelte.

Das eigentliche Bierbrauen beherrschen die Menschen schon seit sehr langer Zeit. Erste schriftliche Belege sind rund 6000 Jahre alt und stammen aus Mesopotamien, wo man angeblich fast die Hälfte der Getreideernte für die Bierherstellung verwendete. Die Babylonier kannten bereits 20 unterschiedliche Biersorten. Ihr König Hammurabi, der von 1728–1686 v. Chr. regierte, erließ sehr strenge Gesetze, die Herstellung und Verkauf von Bier regelten. Diese Gesetze fand man in eine Säule eingemeißelt, die heute im Louvre in Paris besichtigt werden kann. So wurden beispielsweise Bierpanscher in ihren

Fässern ertränkt, oder man goß so lange Bier in sie hinein, bis sie erstickten. In ähnlicher Weise verfuhr man mit Wirten, die minderwertiges Bier zu teuer verkauften.

Auch im alten Ägypten spielte das Bier eine wichtige Rolle. Das ist an Schriftzeichen zu erkennen, die man um 2500 v. Chr. für den Begriff »Mahlzeit« benutzte, und die wörtlich übersetzt »Brot-Bier« bedeuten. Bei den Griechen und Römern stand der Gerstensaft dagegen nicht sehr hoch im Ansehen, sondern galt vielmehr als Getränk ärmerer Bevölkerungsschichten. Aber auch angesehene Bürger wie Aristoteles müssen sich zumindest theoretisch damit beschäftigt haben, denn dieser glaubte festgestellt zu haben, daß jemand, der zuviel Bier getrunken hatte, stets nach hinten umfiel, während einem weinseligen Zecher alle vier Himmelsrichtungen offenstanden.

Daß die Germanen dem Bier oft und reichlich zugesprochen haben, ist kein Geheimnis. So weiß schon der römische Geschichtsschreiber Tacitus (55–120 n. Chr.) in seiner *Germania* zu berichten: »Als Getränk dient den Germanen ein Gebräu aus Gerste oder Weizen, das durch Gärung in eine Art Wein verwandelt wird ... Im Trinken wissen Sie weniger Maß zu halten [als beim Essen]. Würde man ihrer Trunksucht Vorschub leisten und ihnen die Möglichkeit bieten zu trinken, soviel ihr Herz begehrt, könnte man sie durch diese Charakterschwäche wohl leichter zugrunde richten als durch Kriege.«

Zumindest in Deutschland scheint diese »Charakterschwäche« auch heute noch sehr ausgeprägt zu sein, denn in mehr als 1300 Brauereien – das ist die Spitzenstellung in Europa; auf Platz 2 und 3 folgen Belgien mit 143 und Großbritannien mit 142 bierherstellenden Betrieben – sorgen die winzigen Hefepilze tagaus, tagein dafür, daß jeder Deutsche pro Jahr durchschnittlich rund 150 Liter Bier trinken kann.

Pilze verfeinern Nahrungsmittel

In großem Maße und sehr vielfältig werden Pilze bei der Fermentation[1] bestimmter Nahrungsmittel eingesetzt. Besonders im ostasiatischen Raum werden eine Reihe pflanzlicher Produkte mit Hilfe von Pilzen veredelt. Dies ist nötig, weil beispielsweise Sojabohnen selbst nach stundenlangem Kochen noch hart und schlecht verdaulich bleiben. So ist vor dem Genuß eine Weiterverarbeitung durch Pilze notwendig, die außerdem auch den Geschmack verbessert. Tabelle 1 vermittelt eine Übersicht über einige exotische Nahrungsmittel, die mit Hilfe von Pilzen fermentiert werden.

Kaum erwähnt werden muß dagegen wohl die Tatsache, daß Pilze, in diesem Fall wieder die bereits mehrfach erwähnte Hefe *Saccharomyces cerevisiae*, auch in der Backwarenindustrie eine große Rolle spielen, etwa bei der Herstellung von Brot. Allerdings macht man sich hierbei im Gegensatz zur Alkoholproduktion nicht die anaeroben Stoffwechseleigenschaften der Hefe zunutze, sondern läßt sie in Anwesenheit von Luftsauerstoff wachsen. Die Folge ist eine starke Kohlendioxidproduktion, wobei die Gärungsgase dem Sauerteig das typische lockere Gefüge verleihen.

Aber nicht nur pflanzliche Rohstoffe wie Früchte oder Getreide können durch Pilze weiterverarbeitet werden, sondern auch tierische Produkte, z. B. Milch oder Fleischwaren. Allerdings ist dabei zumeist eine enge »Zusammenarbeit« mit anderen Mikroorganismen notwendig.

Das bekannteste Beispiel für diese Form mikrobieller Koproduktion ist sicher der Käse. So bekommen Sorten wie Blauschimmelkäse (Roquefort) und Weißschim-

---
[1] Unter Fermentation versteht man eine Stoffumwandlung mit Hilfe von Mikroorganismen.

Tabelle 1. Mit Hilfe von Pilzen fermentierte exotische Nahrungsmittel (nach Weber 1993).

Name	Rohstoff	Pilzart	Verwendung	Ursprungsland
Tempeh	Sojabohnen	*Rhizopus microsorus*	Hauptnahrungsmittel	Indonesien
Oncom	Erdnußpreßkuchen	*Rhizopus microsorus, Neurospora sitophila*	Hauptnahrungsmittel	Indonesien
Bongrek	Kokosnußpreßkuchen	*Rhizopus microsorus*	Hauptnahrungsmittel	Indonesien
Sojasauce	Soja-, bohnen, Weizen	*Aspergillus oryzae*, Hefen, Bakterien	Würzmittel	Ostasien
Miso	Sojabohnen	*Aspergillus oryzae*, Hefen, Bakterien	Würzmittel, Suppeneinlage	Ostasien
Arroz requemado	Reis	*Aspergillus flavus, Aspergillus candidus*	Hauptnahrungsmittel	Ecuador
Pozol	Mais	Schimmelpilze, Hefen, Bakterien	Hauptnahrungsmittel	Mexiko
Ang-kak	Reis	*Monascus purpureus*	Färben von Lebensmitteln	Ostasien

melkäse (Camembert, Brie) durch die Schimmelpilze *Penicillium roqueforti* und *Penicillium camemberti* ihren typischen Geschmack. Da *Penicillium roqueforti* zum Wachsen sehr viel Sauerstoff benötigt, wird die Blauschimmelkäsemasse bei der Herstellung häufig durch mehrfaches Einstechen mit Nadeln belüftet. In diesen Stichkanälen werden dann bevorzugt die Massen bläulicher Konidien gebildet, die dem Käse sein charakteristisches Aussehen verleihen. Zusammen mit den Milchsäurebakterien sind Pilze noch an weiteren Milchprodukten beteiligt, so z. B. Kefir und Kumys oder Sauermilchkäse (z. B. Harzer Käse) und Süßrahmkäse.

Ein anderes »Einsatzgebiet« für Pilze ist das Haltbarmachen von Wurst. Dazu taucht man die Würste in Flüssigkulturen bestimmter, gesundheitlich unbedenklicher Hefen und Schimmelpilze, die dann außen auf der Wurst einen dichten Rasen bilden, so daß dort kein Platz mehr für Schadorganismen bleibt.

Bei der Fermentation von Kakao, Kaffee, Tee und Tabak spielen Pilze dagegen nur eine kleine Rolle.

Daneben gibt es noch eine beträchtliche Anzahl weiterer Substanzen, die wir von Pilzen produzieren lassen (Tabelle 2). An erster Stelle stehen hier natürlich die bereits ausführlich behandelten Antibiotika (s. S. 137–151), aber auch die Herstellung von organischen Säuren, z. B. von Zitronensäure zur geschmacklichen Verfeinerung von Lebensmitteln. Desweiteren hat die Produktion von Enzymen, Vitaminen, Aromastoffen, Hormonen und Farbstoffen heute eine nicht unbeträchtliche wirtschaftliche Bedeutung.

Daneben gab es auch immer wieder Versuche, dem schnellen Anwachsen der Weltbevölkerung und dem erhöhten Bedarf an eiweißreichen Nahrungsmitteln, vor allen Dingen in der Dritten Welt, dadurch zu begegnen, daß man Mikroorganismen, beispielsweise Hefen oder fi-

Tabelle 2. Beispiele für biotechnologisch mit Hilfe von Pilzen hergestellte Substanzen (nach Weber 1993).

Pilz oder Pilgruppe	Produkt	Verwendung
Aspergillus niger, *Yarrowia lipolytica*	Zitronensäure	Lebensmittelzusatz
Aspergillus niger	Gluconsäure	Lebensmittelzusatz
Aspergillus niger, *Aspergillus oryzae*, *Rhizopus oryzae*	Amylasen	Stärkeverzuckerung, Beseitigung der Trübung in Fruchtsäften und Bier
Aspergillus niger, *Aspergillus oryzae*, *Saccharomyces cerevisiae*	Invertase	Lebensmittelzusatz
Verschiedene *Trichoderma*-, *Aspergillus*- und *Penicillium*-Arten	Zellulasen	Enzymatischer Aufschluß von Zellulose z.B beim Maischprozeß
Aspergillus awamori, *Aspergillus niger*, *Aspergillus oryzae*, *Trichoderma* spec.	Pektinasen	Verbesserung der Preßbarkeit von Obst für die Fruchtsaftherstellung
Aspergillus niger, *Aspergillus oryzae*, *Kluyeromyces maxianus*	Laktase	Herstellung von Diätmilch und Speiseeis
Aspergillus niger, *Penicillium chrysogenum*	Glukoseoxidase	Konservierung von Lebensmitteln
Endothecia parasitica, *Mucor miehei*, *Rhizomucor pusillus*	Rennin	Ersatz von Kälberlab, Beschleunigung der Käsereifung
Aspergillus niger, *Rhizopus* spec.	Lipasen	Waschmittelzusatz
Ashbya gossypii, *Eremothecium ashbyi*	Riboflavin (Vitamin B_2)	Lebensmittelzusatz

lamentöse Pilze, in industriellem Maßstab auf billigen Nährlösungen züchtete, um sie dann für die Gewinnung von preiswerten Lebensmitteln und Futterzusätzen zu benutzen. Diese Idee wirkt zunächst bestechend, denn Gras benötigt zur Verdopplung seiner Biomasse z. B. 1 bis 2 Wochen, Schweine sogar 4 bis 6 Wochen, während Pilze dazu nur einige Stunden brauchen. Ein weiterer Vorteil ist, daß Pilze wie andere Mikroorganismen auch einen relativ hohen Gehalt an hochwertigem Protein besitzen und daß sie sich genetisch relativ leicht verändern lassen, wodurch die Ausbeute unter Umständen noch verbessert werden kann. Außerdem sind technische Anlagen zur Herstellung von Protein aus Mikroorganismen verhältnismäßig platzsparend. So benötigt eine Produktionsstätte, in der täglich 50 Tonnen Hefe hergestellt werden können, nur eine Fläche von etwa 0,2 Hektar. Wollte man dagegen eine entsprechende Proteinmenge durch Weizenanbau erwirtschaften, brauchte man eine Anbaufläche von rund 16000 Hektar.

Angesichts dieser offensichtlichen Vorzüge verwundert es nicht, daß man in Deutschland bereits im 1. Weltkrieg versuchte, Hefen – in diesem Fall *Candida utilis* – großtechnisch auf Melasse zu züchten. Weitere Pilotprojekte folgten in den 60er und 70er Jahren, als die Abhängigkeit der europäischen Länder von Futtermitteln aus Übersee immer deutlicher wurde. Dabei wurden mit unterschiedlichem Erfolg neben der bereits erwähnten Melasse auch Sulfitablaugen, die bei der Papierherstellung anfallen, Ernteteile, Holzabfälle, Molke, Schlachtabfälle und Rückstände aus der Kartoffel-, Mais-, Gemüse- und Obstverarbeitung verwendet. Dazu kamen vor der ersten Ölkrise auch noch Erdölprodukte.

Allerdings hat sich gezeigt, daß die Umsetzung dieser Idee einige Schwierigkeiten mit sich bringt. So treten immer wieder Probleme aufgrund der schwer verdaulichen Pilzzellwände auf. Außerdem ist der Gehalt an Nukleinsäuren sehr hoch, was beispielsweise beim Menschen einen erhöhten Harnsäurespiegel zur Folge hat, häufig verbunden mit Gichterkrankungen oder Gallen- und Nierensteinen. Daher war es notwendig, die Produkte weiter zu bearbeiten, wodurch sich das Verfahren natürlich verteuerte. Auch als Tierfutter haben sich diese Pilzprodukte nicht durchsetzen können, so daß viele der anfangs als sehr optimistisch eingeschätzten Projekte inzwischen wieder eingestellt wurden.

Speise- und Kulturpilze

Speisepilze spielen eine durchaus wichtige Rolle für die menschliche Ernährung. Zwar gibt es keine genauen Angaben darüber, welche Menge wildwachsender Pilze die Menschen jedes Jahr aus den Wäldern an den heimischen Herd schleppen, aber man schätzt, daß es allein im Gebiet der ehemaligen Sowjetunion rund 3 Millionen Tonnen sind.

Dazu kommen natürlich die Kulturpilze, deren Produktionszahlen seit Jahrzehnten ständig zunehmen. In Europa handelt es sich dabei hauptsächlich um den Kulturchampignon (*Agaricus bisporus*), eine Basidiomyceten-Art, von der jedes Jahr weltweit fast 1 Million Tonnen in den Handel kommen. Daß sich dieser Pilz gut züchten läßt, entdeckte man bereits im 17. Jahrhundert in Frankreich, wo er regelmäßig in Mistbeeten für die Melonenkultur auftauchte. Die französischen Pilzzüchter gehören auch heute noch zu den größten Produzenten des Champignons.

Sehr viel länger kultiviert man dagegen schon andere Arten, etwa den holzbewohnenden und ebenfalls zu den Basidiomyceten gehörenden Shiitake-Pilz (*Lentinus edodes*), der in China und Japan seit etwa 2000 Jahren gezüchtet wird (Farbabb. 13). Er nimmt in der Jahresproduktion weltweit die zweite Stelle ein. Daneben gibt es noch mehrere weitere Arten, die aber eine eher untergeordnete Rolle spielen. Steinpilze, Pfifferlinge oder Maronen wird man dagegen in den Pilzzuchtbetrieben vergeblich suchen. Sie lassen sich bisher noch nicht kultivieren, da sie in einer engen Gemeinschaft mit Bäumen leben (vgl. Kap. 11) und ohne ihren Pflanzenpartner nicht existieren können.

Ähnlich verhält es sich mit den zu den Ascomyceten gehörenden Trüffeln, die ebenfalls eine obligate Lebensgemeinschaft mit Bäumen bilden. Trüffeln sind recht ungewöhnliche Pilze, da sie praktisch ihr ganzes Dasein unter der Erde verbringen, also nicht einmal ihre Fruchtkörper aus dem Boden herausschieben. Das hat zur Folge, daß ihre Verbreitung nicht so einfach vonstatten geht wie bei anderen Pilzen, denn die Sporen können ja nicht durch den Wind davongetragen werden. Daher wenden sie eine Taktik an, die man auch von einigen Pflanzen kennt, z. B. von Misteln oder Eiben. Diese besitzen auffällig gefärbte, fleischige Früchte, die gern von Vögeln gefressen werden. Verdaut wird anschließend allerdings nur das Fruchtfleisch, während die harten Samen an einer anderen Stelle und gleich noch mit ein wenig Dünger versehen heil wieder ausgeschieden werden.

Die Strategie der Trüffeln ähnelt diesem Verbreitungsmodus, allerdings sind ihre Fruchtkörper nicht so auffallend wie die Beeren der Eiben und Misteln. Dafür besitzen sie einen prägnanten Geruchsstoff, mit dem Wildschweine, für die Trüffeln ebenfalls eine Delikatesse darzustellen scheinen, angelockt werden, denn die Geruchssubstanz ist chemisch ganz ähnlich aufgebaut wie der Sexuallockstoff von Ebern. Der Erfolg dieser »Werbeaktion« ist der, daß die widerstandsfähigen Trüffelsporen, nachdem sie den Magen-Darm-Trakt der Schweine durchlaufen haben, mit dem Kot der Tiere, also Dünger inklusive, verbreitet werden.

Neben Wildschweinen gibt es auch noch andere Tiere, die ein starkes Interesse an diesen seltsamen Pilzen zeigen. So graben sich beispielsweise bestimmte Käferlarven einen Gang zu den Trüffeln, um sich in den Fruchtkörpern zu verpuppen. Wenn dann die fertigen Käfer schlüpfen, werden in vielen Fällen Sporen mit ins Freie geschleppt und verbreitet. Auch Rotwild und Mäuse zeigen eine gewisse Vorliebe für Trüffeln, während in Südamerika Gürteltiere und Beutelratten und in Australien bestimmte Känguruharten für die Verbreitung sorgen.

Allerdings haben alle diese Tiere seit einigen Jahrhunderten eine ernsthafte Konkurrenz zu fürchten: den Menschen. Trüffel gelten unter vielen Gourmets als ausgesprochene Delikatesse. Da unsere Nasen jedoch nicht fein genug sind, um die Trüffeln im Erdboden aufzuspüren, ließen sich Sammler zunächst von an der Leine geführten Hausschweinen und später von speziell ausgebildeten Hunden bei der Suche nach den etwa ei- bis faustgroßen Fruchtkörpern helfen. Und die Mühe lohnt sich. Für 1 Kilogramm der unter Feinschmeckern besonders begehrten Périgon-Trüffel (*Tuber melanosporum*) werden heute etwa 3000 bis 4000 DM bezahlt, wobei die Preise weiter steigen, da diese Delikatesse immer knapper wird: So wurden um die Jahrhundertwende jährlich noch etwa 1000 Tonnen des schwärzlichen Pilzes geerntet, während 1990 nur noch rund 50 Tonnen auf den Markt kamen.

Natürlich hat es bei solchen Gewinnspannen nicht an Versuchen gefehlt, Trüffeln im Labor oder unter einfachen Bedingungen in Gartenzuchtbetrieben zu kultivieren. Allerdings halten sich die Erfolge in Grenzen, denn es ist aufgrund der engen Lebensgemeinschaft mit Bäumen (zumeist Eichen) nicht möglich, diese Pilze wie Champignons auf einfachem Kompost oder auf Pferdemist wachsen zu lassen. Daher ist man schon seit längerer Zeit dazu übergegangen, Eichenwälder anzupflanzen, deren Boden gleichzeitig mit Trüffelmyzel beimpft wird, indem man Eichenkeimlinge vor dem Auspflanzen in eine Trüffelsporenlösung taucht. Danach muß man nur noch 6 bis 10 Jahre warten, um sich dann von seinem Trüffelschwein oder seinem Trüffelsuchhund zu den begehrten Fruchtkörpern führen zu lassen.

Derart große Mühe bei der Produktion verlangt aber auch vom Konsumenten eine gewisse Opferbereitschaft. So empfehlen erfahrene Chefköche, beim Essen einer Trüffelspeise die Serviette über Kopf und Teller zu decken, damit nichts von dem köstlichen Aroma verloren geht.

Pilze in der biologischen Schädlingsbekämpfung

Auf eine völlig andere Art und Weise profitieren wir von einer sehr ungewöhnlichen Gruppe von Pilzen, den Nematodenfängern. Bei ihnen handelt es sich um fallenstellende Pilze, die man in gewisser Weise mit den fleischfressenden Pflanzen (Insektivoren) vergleichen kann. Opfer dieser kleinen, räuberischen Pilze sind Fadenwürmer (Nematoden), die wegen ihrer schlängelnden Bewegung, die an einen Aal erinnert, auch »Älchen« genannt werden.

Fadenwürmer kommen in ungeheuren Mengen im Erdboden vor. Gartenerde kann pro Kubikmeter bis zu 5000 dieser nur wenige Millimeter großen Tiere enthalten. Und viele Nematoden sind Pflanzenparasiten, die an unterschiedlichen Feldfrüchten beachtliche Schäden verursachen können. So werden die Verluste, die Fadenwürmer jährlich in den USA verursachen, auf über 350 Millionen Dollar geschätzt. Eine übermäßig starke Vermehrung dieser Schädlinge kann zu regelrechten Erntekatastrophen führen. So geschehen vor etwa 100 Jahren, als der Zuckerrübenanbau in der Magdeburger Börde völlig zusammenbrach, nachdem das Rübenzystenälchen (*Heterodera schachtii*) über Jahre hin die Ernten stark beeinträchtigt hatte. Aber auch der geheimnisvolle Auszug der Maya aus ihrem scheinbar blühenden Lebensraum in Mittelamerika soll auf die Verseuchung der Felder mit Nematoden zurückzuführen sein. Diese aus menschlicher Sicht unangenehmen Plagegeister sind die bevorzugten Opfer der fallenstellenden Pilze, von denen die meisten nicht einmal einen deutschen Namen besitzen. Zahlreiche der rund 160 Arten gehören zur Gattung *Arthrobotrys* (Deuteromyceten), aber es gibt auch aus vielen anderen Gruppen Vertreter, die zu dieser ungewöhnlichen Form des Nahrungserwerbs befähigt sind.

Um die kleinen, recht beweglichen Nematoden überwältigen zu können, bilden die Pilze besondere Fangorgane aus, etwa feinmaschige Netze. Aufgebaut sind diese aus speziellen Hyphen, die eine klebrige Substanz absondern können. Gerät nun ein Nematode in ein solches Netz, wird er sowohl von den Maschen als auch von dem Klebemittel festgehalten, und je mehr der kleine Wurm sich windet, desto tiefer verstrickt er sich in der Falle des Pilzes. Oft ist dieser ungleiche Kampf erst nach Tagen beendet, nämlich dann, wenn die Kräfte des Fadenwurmes endgültig erlahmt sind. Ein Entkommen ist normalerweise unmöglich. Einige der Pilzarten sondern allerdings auch ein Gift ab, das den Nematoden unbeweglich macht oder sogar tötet. Anschließend bildet der Pilz Infektionshyphen, die die äußere, relativ feste Außenhaut des Älchens durchstoßen und in den Körper

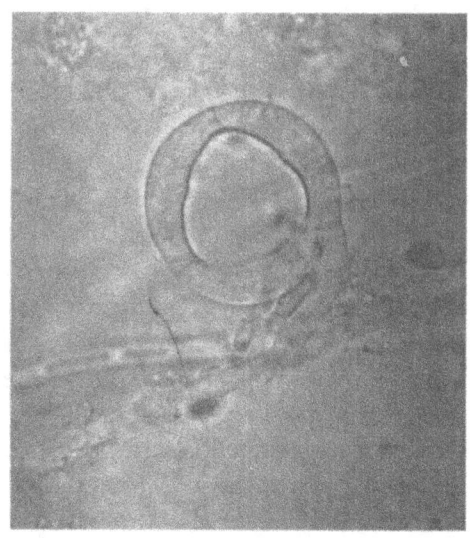

Abb. 17. Viele nematodenfangende Pilze bilden Schlingen, deren einzelne Zellen sehr schnell anschwellen, wenn ein Fadenwurm sich darin verfangen hat, so daß es für das Tier zumeist kein Entkommen mehr gibt.

hineinwachsen. Innerhalb eines Tages ist das gesamte Tier von Hyphen durchwachsen, und schließlich bleibt von dem unglücklichen Fadenwurm nur noch die leere Chitinhülle übrig.

Sehr erfolgreich sind auch Arten, die keine klebrigen Fangnetze bilden, sondern Schlingen (Abb. 17). Gerät ein Älchen dort hinein, schwellen die Zellen, aus denen die Schlinge aufgebaut ist, im Bruchteil einer Sekunde auf das Dreifache ihres vorherigen Volumens an und schnüren den Wurm ein. Anschließend saugen auch diese Pilze den kleinen tierischen Schädling aus.

Eine sehr geschickte Methode des Nematodenfangs haben auch diejenigen Arten entwickelt, die »Klebesporen« ausbilden. Diese liegen im Boden und heften sich, wenn ein Nematode in der Nähe vorbeikriecht, an seinen Körper, um dort bald darauf auszukeimen und den Fadenwurm mit Hyphen zu durchwachsen.

Natürlich sind Menschen schon vor längerer Zeit auf die Idee gekommen, diese nematodenfangenden Pilze zur biologischen Schädlingsbekämpfung einzusetzen. Erste Versuche wurden Mitte der 30er Jahre auf Hawaii durchgeführt. Inzwischen gibt es eine Reihe von Präparaten (zumeist auf einem künstlichen Nährboden gezogene und dann getrocknete Pilze), die besonders im Gemüseanbau eingesetzt werden, beispielsweise in Betrieben, die Tomaten und Champignons kultivieren. Allerdings dünnen sich die eingebrachten Nematodenfänger relativ schnell wieder aus, so daß man den Boden nach einiger Zeit neu beimpfen muß.

Aber auch andere Formen der biologischen Schädlingsbekämpfung werden mit Hilfe von Pilzen durchgeführt, z. B. mit insektenpathogenen Arten. So besprüht man in den USA und in Rußland große Wasserflächen mit *Metarhizium*-Konidien, um Mückenlarven zu vernichten, oder man bekämpft damit den Dickmaulrüßler, einen Käfer, der in jüngerer Zeit in Gewächshäusern zum Problem geworden ist.

Aus der Tatsache, daß so unterschiedliche Insekten wie Mücken und Käfer befallen werden, kann man bereits ersehen, daß Arten der Gattung *Metarhizium* bei der Auswahl ihrer Opfer nicht sehr wählerisch sind. Insgesamt können 160 verschiedene Insektenarten befallen werden, was den Vorteil hat, daß man die Präparate recht universell einsetzen kann. Allerdings ist diese augenscheinliche Stärke auch gleichzeitig eine große Schwäche, denn es werden natürlich nicht nur Schad-, sondern auch Nutzinsekten infiziert und abgetötet. Daneben gibt es Pilzarten, die nur ganz bestimmte Insekten befallen. Allerdings spielen sie in der biologischen Schädlingsbekämpfung bisher noch keine sehr große Rolle. Ein Ausnahme bilden einige *Verticillium*-Arten, die einigermaßen spezifisch Blattläuse beziehungsweise die Weiße Fliege angreifen und daher zur Bekämpfung dieser Schädlinge in Gewächshäusern eingesetzt werden.

Aber nicht nur Insekten rückt man mit Pilzen zu Leibe, sondern auch Pflanzen und sogar anderen Pilzen. So kann man beispielsweise das Wachstum sogenannter Ackerunkräuter, wie Ackerwinde oder Acker-Kratzdistel, zurückdrängen, indem man Sporen von *Colletotrichum dematium* beziehungsweise *Sclerotinia sclerotiorum* ausbringt, während sich *Heterobasidion annosum* gegen einen Pilz namens *Verticillium fungiola* einsetzen läßt, der in Champignonzuchtbetrieben beträchtliche Schäden hervorrufen kann.

Das Gebiet der biologischen Schädlingsbekämpfung befindet sich noch in seinen Anfängen. In den nächsten Jahren wird sicher noch mit weiteren Fortschritten zu rechnen sein.

11 Wahlverwandtschaften

> *Wir können die Natur nur dadurch beherrschen, daß wir uns ihren Gesetzen unterwerfen.*
> Fancis Bacon

Die aus menschlicher Sicht positiven Eigenschaften der Pilze erschöpfen sich nicht in der biologischen Schädlingsbekämpfung, der Produktion von Antibiotika, Wein und Bier oder der Haltbarmachung von Lebensmitteln. Vielmehr gibt es eine Reihe weiterer, sehr nützlicher Aktivitäten, die diese Organismen nahezu unbeachtet in aller Stille ausführen und ohne die ein Leben auf der Erde – zumindest in der jetzigen Form – nicht möglich wäre.

Die Rolle der Pilze für den Stoffkreislauf

Pflanzen sind die Grundlage allen irdischen Lebens, da sie dank eines Prozesses, der Photosynthese genannt wird, aus anorganischen Substanzen wie Kohlendioxid, Wasser und Mineralsalzen mit Hilfe des Sonnenlichts organische Substanzen herstellen können. Insgesamt produzieren die Pflanzen jährlich eine Biomasse von 100 Milliarden Tonnen. Der größte Teil davon sind Polysaccharide, von denen die Zellulose wiederum etwa die Hälfte ausmacht. Diese Unmenge an organischer Substanz muß natürlich abgebaut und wieder in den Stoffkreislauf eingegliedert werden (Abb. 18), denn Pflanzen

Abb. 18. Viele Pilze – beispielsweise diese auf einem Misthaufen wachsenden Tintlinge (*Coprinus*) – sind in entscheidendem Maße an der Zersetzung organischer Substanzen beteiligt.

können hochmolekulare Substanzen nicht direkt aufnehmen, sondern benötigen ihre Nährstoffe in Form anorganischer Bestandteile.

An diesem Abbau sind in erster Linie saprophytische Bakterien und Pilze beteiligt, wobei man allerdings nicht genau weiß, wie groß der jeweilige Anteil der beiden Organismengruppen an den einzelnen Prozessen ist. Fest steht jedoch, daß Pilze bei der Zersetzung von Holz die entscheidende Rolle spielen (Farbabb. 14). Damit geht ein nicht unbeträchtlicher Teil der Umsetzung von pflanzlicher Biomasse auf ihr Konto.

Baumstämme bestehen größtenteils aus verholzten Zellen, die durch Einlagerung von Lignin so fest werden, daß sie ein stabiles Stützgewebe bilden und dadurch vie-

---

[1] Saprophytische Organismen ernähren sich von toter Substanz.

len Bäumen die Möglichkeit bieten, zu wahren Riesen heranzuwachsen. Lignin ist eine braune Substanz aus Phenylpropanen und macht neben der Zellulose den größten Teil der pflanzlichen Biomasse aus. Bei der Lignineinlagerung sterben die Zellen jedoch ab, so daß Bäume viel Energie in die für sie unwiederbringlich verlorene Holzproduktion investieren.

Aber irgendwann wird bekanntlich jeder Baum einmal alt und stirbt. In seinem Holz sind dann tonnenweise wertvolle Substanzen, wie Kohlenstoff, Stickstoff und Phosphor enthalten, die andere Bäume in seiner Nähe eigentlich gut gebrauchen könnten. Allerdings sind diese, wie bereits erwähnt, nicht in der Lage, so komplexe Moleküle wie Zellulose oder Lignin aufzunehmen. Hier kommen nun die Pilze ins Spiel, denn unter ihnen gibt es zahlreiche Arten, die sich entweder von der farblosen Zellulose oder vom Lignin ernähren. Einige Pilze leben nur von der Zellulose; dabei bleibt das braune Lignin zurück, und man spricht von Braunfäule. Andere können sowohl Zellulose als auch Lignin verwerten und lassen daher nichts als stark aufgehellte Holzreste zurück, so daß die Weißfäule entsteht. Als Ergebnis dieser Abbauprozesse werden niedermolekulare Substanzen frei, die wiederum von Pflanzen aufgenommen werden können.

Oft warten die Pilze aber nicht erst ab, bis ein Baum abstirbt oder durch einen Sturm gefällt wird, sondern sie beginnen bereits früher mit dem Abbau des Holzes (s. Farbabb. 14b). Für jedermann sichtbar wird das zumeist an den Fruchtkörpern, die zwangsläufig irgendwann an der Außenseite der Stämme erscheinen. Diese können beispielsweise beim Riesenporling (*Meripilius gigantaeus*) einen Durchmesser von bis zu 90 Zentimetern haben, so daß man unwillkürlich glaubt, das Ableben des Baumes sei nur noch eine Frage der Zeit. Aber das trifft nicht zu. Da der Pilz nur die bereits toten Teile des Baumes befällt, kann sich seine Anwesenheit sogar positiv für die Pflanze auswirken, denn der Baum kann nun, dank der Tätigkeit des Pilzes, einige Substanzen des zuvor unverwertbaren Holzes erneut benutzen. Daher bilden viele Bäume an der Stelle, an der das verrottete Innere eines Stammes auf den Boden gefallen ist, sehr schnell neue Wurzeln, um die freigewordenen Stoffe sofort wieder aufzunehmen.

Unerwünschter Abbau

Für den Menschen kann die Fähigkeit zum Abbau von Holz allerdings zu Problemen führen, denn natürlich können holzzersetzende Pilze nicht zwischen einem umgefallenen Baum im Wald und dem ebenfalls toten Holz unterscheiden, das der Mensch beim Bau seiner Häuser verwendet. Die Folge ist, daß auch Bauholz von Pilzen befallen wird. Ein solcher Pilz ist der Echte Hausschwamm (*Serpula lacrymans*). Hinter diesem harmlos klingenden Namen verbirgt sich ein wahrhaft zerstörerischer Organismus, der Hausbesitzer durchaus in den Ruin treiben kann. Dabei ist die spätere Katastrophe anfänglich kaum abzusehen. Befallen werden zunächst nur feucht gewordene, hölzerne Bauteile eines Hauses, beispielsweise Balken in einem schlecht gelüfteten Keller, denn nur dort, wo ausreichend Nässe vorhanden ist, können Hausschwammsporen auskeimen. Aber hat dieser Pilz erst einmal Fuß gefaßt, dann dauert es nicht lange, bis die infizierten Balken zu Staub zerfallen sind. Das ist aber noch nicht das Ende. Bei der Zersetzung des Holzes wird neben Kohlendioxid immer auch Wasser frei, und mit Hilfe dieses »Atemwassers« macht sich der Hausschwamm sehr schnell zuvor noch trockene hölzerne Bauteile zugänglich, so daß innerhalb weniger

Jahre das gesamte Holzwerk eines Hauses vernichtet sein kann.

Anfangs ist der Befall mit dem Hausschwamm nur daran zu erkennen, daß die Balken und Bretter von einer watteartigen Myzelschicht überzogen sind. Später werden dann bis zu 1 Quadratmeter große, gelb- bis rostbraune Fruchtkörper gebildet. Diese müssen aber nicht notwendigerweise auf einem hyphendurchwucherten Balken sitzen, sondern erscheinen oft auch auf dem benachbarten Mauerwerk, das der Pilz mit seinen kräftigen, manchmal bleistiftdicken Myzelsträngen überspannen und sogar durchdringen kann. Dadurch wird häufig auch das Mauerwerk in Mitleidenschaft gezogen, was den Verfall des Gebäudes natürlich weiter vorantreibt. Erfolgreich abwehren läßt sich der Hausschwamm nur dann, wenn der Befall rechtzeitig erkannt und die entsprechende Bausubstanz sofort entfernt und vernichtet wird. Die übrigen Balken und Bretter müssen anschließend mit chemischen Konservierungsmitteln behandelt werden.

In sehr ähnlicher Form ging man auch schon im Altertum gegen den Hausschwamm vor. Allerdings kannte man seinerzeit die genauen Ursachen des Holzverfalls noch nicht, so daß die Bibel von »Aussatz an Häusern« spricht:

> *Gesetz über Aussatz an Häusern*
> Und der HERR redete mit Mose und Aaron und sprach: Wenn ihr ins Land Kanaan kommt, das ich euch zum Besitz gebe, und ich lasse an irgendeinem Hause eures Landes eine aussätzige Stelle entstehen, so soll der kommen, dem das Haus gehört, es dem Priester ansagen und sprechen: Es sieht mir aus, als sei Aussatz an meinem Hause.
> Da soll der Priester gebieten, daß sie das Haus ausräumen, ehe der Priester hineingeht, die Stelle zu

besehen, damit nicht alles unrein werde, was im Hause ist. Danach soll der Priester hineingehen, das Haus zu besehen.

Wenn er nun den Ausschlag besieht und findet, daß an der Wand des Hauses grünliche oder rötliche Stellen sind, die tiefer aussehen als sonst die Wand, so soll er aus dem Hause herausgehen, an die Tür treten und das Haus für sieben Tage verschließen. Und wenn er am siebenten Tag wiederkommt und sieht, daß der Ausschlag weitergefressen hat an der Wand des Hauses, so soll er die Steine ausbrechen lassen, an denen der Ausschlag ist, und hinaus vor die Stadt an einen unreinen Ort werfen.

Und das Haus soll man innen ringsherum abschaben und den abgeschabten Lehm hinaus vor die Stadt an einen unreinen Ort schütten ... Wenn dann der Ausschlag wiederkommt und ausbricht am Hause ... so ist es gewiß ein fressender Aussatz am Hause, und es ist unrein ...

Wenn aber der Priester hineingeht und sieht, daß der Ausschlag nicht weiter am Hause gefressen hat, nachdem es neu beworfen ist, so soll er es rein sprechen; denn der Ausschlag ist heil geworden (3. Buch Moses 14, 33–52).

Der hier geschilderten Vorgehensweise könnte man also im Grunde auch heute noch folgen, denn bei einem Befall sind die Konsequenzen immer noch die gleichen: Wird der Hausschwamm nicht rechtzeitig als Gefahrenquelle erkannt und nichts zu seiner Bekämpfung unternommen, bleibt einem über kurz oder lang nichts anderes übrig, als dem Ratschlag der Bibel zu folgen und das Haus völlig abzureißen.

Bevor man aber den Möbelwagen bestellt, sollte zunächst einmal ein Experte hinzugezogen werden. Mit ein wenig Glück hat man es nämlich nicht mit dem Echten Hausschwamm zu tun, sondern mit dem Wilden Hausschwamm (*Serpula himantoides*) oder seinen Verwandten *Serpula minor* oder *Serpula pinastri*. Diese zerstören ebenfalls verbautes Holz, wenn auch zumeist nicht auf so aggressive Weise, wie man es vom Echten Hausschwamm kennt.

Pilze greifen jedoch nicht nur Holz an, sondern auch zahlreiche andere Stoffe, wie z. B. Papier, das in nicht vollkommen trockenen Räumen gelagert wurde. Dabei kommen von einer einfachen Verfärbung bis zur völligen Auflösung alle Zwischenstadien vor. Insgesamt wurden von befallenen Büchern und Archivmaterial mehr als 200 verschiedene Pilzarten isoliert, bei denen es sich in der Mehrzahl um Schimmelpilze handelte.

Auch feucht gewordene Tapeten werden leicht von Pilzen bewachsen, wobei sie sich schwärzlich verfärben. Heute ist dies im Grunde nur ein ästhetisches Problem, aber in früheren Zeiten wurden bei der Tapetenherstellung arsenhaltige Farben verwendet, aus denen bestimmte Schimmelpilze während des Abbaus giftige Stoffe, wie Trimethylarsin oder Kakodyloxid, freisetzten, so daß es bei Menschen, die sich in solchen Räumen aufhielten, zu Vergiftungserscheinungen kam. Angeblich gab es hin und wieder sogar Todesfälle zu beklagen.

Auch vor wertvollen Gemälden machen Pilze nicht halt. Besonders gefährdet sind dabei alte Kunstwerke, da Farben früher zumeist unter der Verwendung von Knochenleim, Stärkekleister, Gummi arabicum oder Leinöl hergestellt wurden. Weil diese Substanzen organischen Ursprungs sind, können sie von bestimmten Pilzen abgebaut werden. In Mitleidenschaft gezogen wird allerdings oft auch die Leinwand selbst oder das Holz des Rahmens.

Unter ungünstigen Umständen kann ein solcher Pilzbefall zu beträchtlichen Schäden führen. So geschehen nach einem Hochwasser in der Museumsstadt Florenz 1966. Durch den Wassereinbruch in viele Museen erhöhte sich die Luftfeuchtigkeit dort so sehr, daß die winzigen Pilzsporen, die sich in den Jahrhunderten auf den Gemälden abgelagert hatten, nun plötzlich ideale Bedingungen zum Auskeimen vorfanden. Dadurch kamen sie in die Lage, die unterschiedlichen, zur Herstellung der Kunstwerke verwendeten organischen Stoffe abzubauen.

Ein Pilz mit noch ungewöhnlicherem »Geschmack« ist der sogenannte Kerosinpilz (*Hormoconis resinae*), der, wie der Namen vermuten läßt, auf dem Flugzeugtreibstoff Kerosin wachsen kann. Allerdings benötigt er dazu Wasser, das ihm in Form von Kondenswasser unter Umständen jedoch ausreichend zur Verfügung steht. Problematisch und für Flugpassagiere lebensgefährlich wird die Anwesenheit dieses Pilzes dann, wenn sein Myzel Treibstoffleitungen und -filter verstopft. Oft besteht aber auch die Gefahr, daß die Metalltanks eines Flugzeuges durch organische Säuren beschädigt werden, die diese Pilze beim Wachsen produzieren und ausscheiden.

Weitere beliebte Materialien sind Produkte aus Textilfasern, die zu feucht gelagert wurden, beispielsweise Feuerwehrschläuche und Zelte oder Kleidungsstücke aus Wolle und Leder. Die Liste der Stoffe, die von Pilzen abgebaut werden können, ließe sich noch beliebig fortsetzen. Im Grunde muß man auf nahezu allen Gegenständen mit Pilzbefall rechnen, seien es nun Öle oder Schmiermittel, pharmazeutische Produkte wie Salben und Lotionen oder sogar bestimmte Kunststoffe, z. B. Beschichtungen von Heizöltanks. Auch Glas kann von Pilzen in Mitleidenschaft gezogen werden. Hiervon können besonders Fotografen ein Lied singen, die sich längere Zeit in den Tropen aufhalten, denn begünstigt durch die hohe Luftfeuchtigkeit besiedeln Pilze gern den Kitt von Kameraobjektiven. Von dort aus wachsen die Hyphen dann auf das

Glas der Objektive und verätzen durch die Ausscheidung organischer Säuren die wertvollen Linsen. Wird ein Objektiv längere Zeit nicht benutzt, kann es auch passieren, daß dem Fotografen beim Herausnehmen der Kamera die Linsen einzeln entgegenfallen, weil der Kitt, mit dem sie befestigt waren, von den Pilzen weitgehend aufgelöst wurde.

Lebensgemeinschaften mit Pflanzen

Wenden wir uns nun wieder den aus menschlicher Sicht positiven Eigenschaften der Pilze zu. Neben den Abbauleistungen und der damit verbundenen Nutzbarmachung der in Tierkörpern und Pflanzen fixierten Substanzen, ist die Leistung, die Pilze in der Symbiose mit Pflanzen für den Gesamthaushalt der Natur leisten, ebenfalls beträchtlich. An erster Stelle ist in diesem Zusammenhang sicher die Mykorrhizasymbiose zu nennen. »Mykorrhiza« bedeutet in der Übersetzung nichts anderes als »Pilzwurzel« – eine recht gelungene Bezeichnung.

Viele Pflanzen, darunter zahlreiche Bäume, sind nicht in der Lage, Nährstoffe aufzunehmen, wenn deren Konzentration im Boden sehr niedrig ist. Ganz im Gegensatz zu vielen Pilzen, die auch unter solchen Umständen noch immer problemlos Mineralien und Nährstoffe anreichern können. Dafür fehlt den Pilzen bekanntlich die Fähigkeit, mit Hilfe der Photosynthese aus Sonnenenergie, Kohlendioxid und Wasser organische Substanzen zu synthetisieren, so daß sie sich auf andere Weise ernähren müssen. Daher lag es also für beide Seiten nahe, ein Bündnis zum gegenseitigen Nutzen einzugehen, eine Symbiose, von der beide Partner profitieren: Der Pilz versorgt die Pflanze mit Mineralsalzen und wird dafür im Gegenzug mit organischen Verbindungen belohnt.

Um dies möglich zu machen, bildet der Pilzpartner einen dichten Hyphenmantel um die Wurzeln des Pflanzenpartners und dringt dann in die Wurzel ein, wo später der Stoffaustausch stattfindet. Anschließend durchzieht er den Boden der Umgebung mit einem ausgedehnten Myzelgeflecht, so daß sich die Pflanze einen viel größeren Bereich erschließen kann, als es ihr allein mit ihren Wurzeln möglich wäre, ganz abgesehen von der erwähnten Fähigkeit, daß Pilzhyphen Nährsubstanzen auch noch in geringen Konzentrationen aufnehmen können. Dabei kann ein und derselbe Pilz sogar Verbindungen mit mehr als einem Baumpartner eingehen, so daß große Areale eines Waldbodens von einem dichten, zusammenhängenden Hyphennetz durchzogen sein können.

Grundsätzlich lassen sich zwei Formen von Mykorrhizasymbiosen unterscheiden: Einmal ist das die sogenannte Ektomykorrhiza (griech. »ektos« = außerhalb), bei der die Hyphen nur die Zellzwischenräume der Wurzel besiedeln. Diese Form wird zumeist zwischen Basidiomyceten und vielen einheimischen Waldbäumen ausgebildet. Weltweit gibt es viele Tausend verschiedene Pilzarten, die zu einer solchen Symbiose befähigt sind, unter anderem auch zahlreiche Speisepilze, etwa Pfifferling, Steinpilz oder Ritterling. Dabei ist der Pilzpartner in seiner Wahl normalerweise nicht festgelegt, wenn es auch einige Arten gibt, die, wie die meisten Pilzsammler bestätigen werden, nur unter bestimmten Bäumen wachsen. Das läßt sich oft auch schon am Namen erkennen, wie z. B. beim Lärchenröhrling oder Birkenpilz.

Bei der zweiten Form der Mykorrhizierung dringen die Pilze direkt in einzelne Pflanzenzellen ein und bilden dort besondere Strukturen mit zahlreichen feinen Verästelungen, die Arbuskel genannt werden. An der Oberfläche dieser Arbuskeln findet dann der sehr intensive Austausch von Signalen und Nährstoffen statt. Da in diesem Fall die Pflanzenzellen selbst besiedelt werden, spricht man hier von Endomykorrhiza (griech. »endon« = innen). Diese Symbioseform ist sogar noch weiter verbreitet als die Ektomykorrhiza, und da auch viele Gräser, zu denen die meisten unserer Getreidearten gehören, auf Endomykorrhizapilze angewiesen sind, spielt diese Gemeinschaft zum gegenseitigen Nutzen auch wirtschaftlich eine bedeutende Rolle.

Zum Erstaunen der Forscher, die Fossilien von Pflanzen untersuchten, fanden sich selbst in ältesten Versteinerungen Arbuskeln und damit frühe Spuren dieser speziellen Symbiose zwischen Pflanze und Pilz. Daher kann man annehmen, daß es sich bei dieser Art des Zusammenlebens um eine sehr alte Entwicklung handelt, die bereits den ersten Landpflanzen das Leben in ihrem neuen und schwierigen Lebensraum erleichtert hat.

Diese »Starthilfe« ins Leben sieht man auch heute noch sehr deutlich bei den Orchideen. Die Samen dieser Pflanzen sind so klein, daß sie – im Gegensatz zu denen der meisten anderen Pflanzen – keine Nährstoffreserven für die Keimlinge mitführen können. Daher wäre den meisten Orchideen ein erfolgreiches Auskeimen unmöglich, wenn ihnen nicht Pilze zu Hilfe kommen würden, die die Samen und Keimlinge mit Nährstoffen versorgten.

Besonders deutlich wird die Bedeutung der Mykorrhizasymbiose, wenn man das Keimverhalten oder Wachstum bestimmter Pflanzenarten unter sterilen Anzuchtbedingungen – also ohne Pilzpartner – mit denjenigen vergleicht, denen Pilze zur Ausbildung einer Symbiose zur Verfügung stehen. Bei solchen Versuchen zeigt sich, daß Pflanzen in Anwesenheit ihres Mykorrhizapartners schneller und mit höherer Rate auskeimen und auch erheblich besser wachsen als die pilzlosen Vergleichsexemplare. So haben beispielsweise steril gezogene Petersilienpflanzen gerade erst die Keimblätter entfaltet, während Vergleichspflanzen, denen Pilzpartner zur Verfügung standen, normalerweise schon 3 Blattpaare besitzen (Abb. 19).

Abb. 19. Der Einfluß der Mykorrhizasymbiose läßt sich im Laborversuch sichtbar machen. So wurde die linke Petersilienpflanze auf einem Substrat gezogen, das alle notwendigen Nährstoffe in ausreichender Menge enthielt, darunter auch das lebenswichtige Phosphat. Diese Substanz war in dem Nährboden, auf dem die mittlere Pflanze wuchs, dagegen nur in geringen Mengen vorhanden, so daß sie sich im gleichen Zeitraum sehr viel schlechter entwickelte. Dagegen sorgten zugesetzte Mykorrhizapilze in dem ebenfalls phosphatarmen Substrat, auf dem die rechte Petersilienpflanze gezogen wurde, dafür, daß sich die junge Pflanze völlig normal entwickeln konnte.

Da der Pilz die Nährstoffe besser anreichert, werden solche Unterschiede naturgemäß immer dann auffällig, wenn das Pflanzsubstrat nicht alle Nährstoffe im Übermaß bereithält, sondern einzelne Mineralien nur in geringen Mengen vorliegen. So sind die Unterschiede zwischen den üppig wachsenden Mykorrhizapflanzen und den kümmerlichen Vergleichspflanzen besonders gravierend, wenn im Nährsubstrat Phosphat- oder ein anderer Mangel herrscht. Da unter natürlichen Bedingungen die benötigten Nährstoffe oft limitiert sind, verwundert es nicht, daß sich insgesamt mehr als drei Viertel aller Pflanzenarten einen Pilzpartner zugelegt haben. Dessen Rolle wird um so wichtiger, je lebensfeindlicher der Standort ist, an dem die Pflanze wachsen muß.

Das trifft auch für Standorte zu, die durch den Menschen beeinflußt werden. Dieser Umstand wurde deutlich, als man Versuche unternahm, das Wachstum von Kiefern auf nährstoffarmen Böden durch Düngung mit Harnstoff zu verbessern. Der »Erfolg« war, daß die Symbiosebildung (Mykorrhizierungsfrequenz) von ca. 90% auf 30% zurückging, und man einen entgegengesetzten Effekt erzielte. Aufgrund dieser und ähnlicher Erfahrungen nimmt man heute an, daß die Schädigung der Mykorrhizasymbiose bestimmter Bäume auch beim gefürchteten Waldsterben eine wesentliche Rolle spielt, denn gerade die stark in Mitleidenschaft gezogenen Baumarten, wie Buche, Eiche, Fichte oder Kiefer, gehören zu den stark »pilzliebenden« (mykotrophen) Gehölzen.

Aber nicht nur die Ernährung des Pflanzenpartners wird durch den Pilz verbessert. Ein anderer Vorteil der Mykorrhizasymbiose besteht für eine Reihe von Pflanzen darin, daß sie dadurch vor pflanzenpathogenen Pilzen geschützt werden, denn ein Pilzmantel kann – ähnlich wie bei der Haltbarmachung von Wurst (s. S. 165) – den Angriff von weniger freundlichen Mikroorganismen verhindern.

Allerdings zieht nicht nur die Pflanze Vorteile aus einem solchen Zusammenleben; auch viele Pilze kommen nicht mehr ohne ihren Pflanzenpartner aus. Das läßt sich sehr leicht daran erkennen, daß eine Reihe wertvoller Speisepilze wie Trüffel, Steinpilz oder Pfifferling in Kultur, also ohne die Möglichkeit, eine Mykorrhizasymbiose einzugehen, nicht wachsen können.

Wo viel Licht ist, ist bekanntlich oft auch Schatten, und so haben es einige Pflanzen geschafft, Mykorrhizapilze für sich einzuspannen, ohne dafür eine Gegenleistung zu erbringen. Gemeint sind chlorophyllfreie Schmarotzerpflanzen wie z. B. der Fichtenspargel, der auch in mitteleuropäischen Wäldern heimisch ist. Da er die Fähigkeit zur Photosynthese vollständig verloren hat (seine chlorophyllfreien Blätter sind zu winzigen Schuppen zurückgebildet), ist er bei seiner Ernährung völlig auf Pilze angewiesen. Dazu hat er eine Technik entwickelt, mit der er kontaktsuchende Pilzhyphen, die in seine Wurzel eindringen, zum Platzen bringt. Dabei werden Nährstoffe frei, von denen der Fichtenspargel dann lebt. Allerdings ist der Pilz in der Regel nur der indirekte Ernährer dieses Parasiten, denn die meisten Nährstoffe stammen ja von den Bäumen, mit denen der Pilz in einer Mykorrhizasymbiose lebt. So versorgen manche Bäume über den Umweg Pilz »unwissentlich« also auch noch den einen oder anderen Schmarotzer mit Photosyntheseprodukten.

Flechten

Neben der Mykorrhizasymbiose gibt es eine andere, ebenfalls sehr feste Beziehung zwischen Pilzen und Pflanzen beziehungsweise photosynthetisch aktiven Bakterien. Bei dieser Lebensgemeinschaft ist die Bindung zwischen den Partnern sogar derart eng, daß man die

Doppelnatur der Organismen bis zur Mitte des 19. Jahrhunderts nicht einmal erkannte und ihnen deshalb einen gemeinsamen Namen gab: Flechten.

Der Irrtum, Flechten seien eine Gruppe eigenständiger Lebewesen, ist aber selbst aus heutiger Sicht nicht unverständlich, denn im Gegensatz zur Mykorrhizasymbiose, bei der die Partner der Lebensgemeinschaft ihre ursprüngliche Gestalt behalten, entsteht bei den Flechten eine neue morphologische, physiologische und ökologische Einheit, das sogenannte Lager oder der Thallus. Ein Thallus läßt die einzelnen Pilz-, Algen- oder Bakterienpartner nicht mehr ohne weiteres als Einzelorganismen erkennen. Daher ist es nicht erstaunlich, daß man die meisten Flechten – wenn man sie nicht völlig mit Verachtung strafte wie Carl von Linné, der sie als Pöbel der Vegetation bezeichnete – zunächst zu den Moosen rechnete, während man Arten, die auf Felsen am Meer wuchsen, für Tange hielt. Und so dauerte es noch bis zur Mitte des 19. Jahrhunderts, bis der deutsche Mykologe Anton de Bary (1831–1888) erstmals die Vermutung äußerte, Flechten seien eine Gemeinschaft aus Pilzen und Algen.

Allerdings setzte sich diese Auffassung nur sehr langsam durch, so daß noch 1953 ein wissenschaftlicher Artikel veröffentlicht wurde, in dem der Autor behauptete, das, was die Anhänger der »falschen Lehre« für Algen hielten, seien in Wahrheit Auswüchse der Pilzhyphen. Inzwischen sind aufgrund zweifelsfreier Beweise für die Doppelnatur der Flechten auch die letzten Zweifler verstummt.

Bei den Pilzpartnern (Mykobionten) der Flechtensymbiose handelt es sich in der Regel um Ascomyceten. Basidiomyceten sind mit weniger als 1% vertreten, während in Verbindung mit Zygomyceten nur ein Fall bekannt ist. Die Pflanzenpartner (Photobionten) gehören in der Mehrzahl zu den Grün-, seltener zu Gold- oder

Braunalgen, während die bakteriellen Photobionten ausschließlich photosynthetisch aktive Cyanobakterien sind. Die Cyanobakterien wurden früher als Blaualgen bezeichnet, bis man erkannte, daß es sich in Wahrheit nicht um Algen, sondern um Bakterien handelt.

Der Vorteil für den Pilzpartner liegt – wie schon bei der Mykorrhizasymbiose – in der Nährstoffversorgung durch den Photobionten. Dieser stellt die organischen Verbindungen mit Hilfe der Photosynthese her. Dadurch ist es den Flechten möglich, Standorte zu besiedeln, beispielsweise glatte Felswände oder Betonmauern, auf denen der Pilz wegen einer fehlenden Ernährungsgrundlage allein nicht wachsen könnte.

Aus Sicht der Photobionten sind die Vorteile zunächst nicht so leicht erkennbar, denn Algen oder Cyanobakterien werden vom Pilz – im Gegensatz zur Mykorrhiza – ganz augenscheinlich nicht mit Mineralsalzen oder anderen lebenswichtigen Substanzen versorgt. Da sich die Flechtenpilze zumeist mit einer festen, äußeren Rinde aus dicht verwobenen Hyphen gegen ihre Umwelt abschirmen, entsteht ein relativ abgeschlossener Innenraum (Farbabb. 15). In ihm hält sich die Feuchtigkeit gut, so daß die winzigen Photobionten, die sehr leicht austrocknen, dort gute Lebensbedingungen vorfinden. Außerdem schützt die Rinde des Flechtenthallus sie vor der gefährlichen ultravioletten Strahlung, durch die es zu Schädigungen des genetischen Materials kommen kann.

Diese für beide Seiten vorteilhafte Verbindung läßt die Flechten dann auch außerordentlich lebensfeindliche Standorte besiedeln, die anderen Organismen kaum offenstehen und die weder Photobiont noch Pilz allein hätten besiedeln können (Farbabb. 16). Im Himalaja trifft man Flechten noch in einer Höhe von 5400 Metern an, und in der Antarktis findet man sie auf Felsen, die sich nur etwa 500 Kilometer vom Südpol entfernt auftürmen.

Auch wenn sie sich dort wegen der niedrigen Temperaturen den größten Teil des Jahres in einem Ruhezustand befinden, wachsen sie dennoch langsam und stetig. Bei einigen Flechten konnte man selbst bei minus 24°C noch eine deutliche Stoffwechselaktivität feststellen; überlebt wurden sogar Minusgrade von rund 200°C unter Null.

Aber auch den hohen Temperaturen, die auf sonnenexponierten Felshängen nicht selten sind, zeigen sich Flechten zumeist gewachsen. So können die Temperaturen im Inneren eines Flechtenlagers durchaus schon einmal 70°C erreichen. Trockene Thalli einiger Arten konnte man sogar kurzfristig (maximal 30 Minuten) bis auf 100°C erhitzen, ohne daß sie abstarben. Austrocknung vertragen die meisten Flechten ebenso recht gut. So nahmen Exemplare, die mehr als 50 Wochen keinen Tropfen Wasser mehr bekommen hatten, ihre normale Stoffwechseltätigkeit sofort wieder auf, nachdem man sie befeuchtete.

Die deutlichen Vorteile für beide Partner lassen es verständlich erscheinen, daß Flechtensymbiosen mehrfach unabhängig voneinander entstanden sind. Das wird dadurch unterstrichen, daß sowohl die beteiligten Pilze als auch die Photobionten zu den unterschiedlichsten entwicklungsgeschichtlichen Gruppen gehören. Besonders deutlich wird dies an den Photobionten, bei denen es sich einerseits um kernlose Cyanobakterien handelt, andererseits aber um Algen, die einen Zellkern besitzen und zu den Eukaryonten gehören. Da diese beiden Entwicklungsformen sich schon bald nach der Entstehung des Lebens voneinander getrennt haben, sind die Angehörigen beider Symbiosegruppen natürlich auch nicht näher miteinander verwandt.

Bei einigen Flechten kann man sogar heute noch die Neuentstehung der Symbiose beobachten: Wie viele ihrer allein lebenden Verwandten, verbreiten sich auch zahlreiche Flechtenpilze durch Sporen. Diese keimen an einem neuen Standort aus, um dann möglicherweise schnell feststellen zu müssen, daß ihr eigentlicher Photobiontenpartner dort nicht anzutreffen ist. Daher nehmen viele Flechtenpilze zunächst mit einem gerade vorhandenen Photobionten vorlieb, »verlassen« ihn aber, sobald sie ihren »Lieblingspartner« finden.

Viele der Sporen, die von einer Flechte gebildet werden und die prinzipiell in der Lage wären, einen neuen Organismus hervorzubringen, finden allerdings überhaupt keinen neuen Algenpartner, so daß sie nutzlos zugrunde gehen. Um diesem Problem erfolgreich zu begegnen, bilden einige Flechtenarten kleine Thallusanhänge, sogenannte Isidien, in denen sich nicht nur Pilzhyphen, sondern auch Algenzellen befinden. Diese Anhänge brechen leicht ab und werden dann vom Wind davongeweht oder unabsichtlich von Tieren mitgeschleppt, so daß sie an einem geeigneten Standort relativ leicht zu einer neuen Flechte heranwachsen können.

Allerdings ist die gegenseitige Anpassung noch nicht so weit fortgeschritten, daß die Partner – unter bestimmten Bedingungen – nicht mehr in der Lage wären, allein zu überleben. So kann man beispielsweise Photobionten und Mykobionten isolieren und getrennt in Kultur nehmen. Die Pilzkulturen haben dann keinerlei Ähnlichkeit mehr mit der ursprünglichen Flechtenform, das heißt, sie bilden, anders als in der Symbiose, kein Lager mehr. In einigen Fällen ist es gelungen, aus den beiden getrennten Partnern im Labor wieder die Flechte entstehen zu lassen. Und sobald sich die Symbiose etabliert hat, entsteht auch wieder der typische Flechtenthallus.

Nach der Form des Thallus lassen sich Flechten in drei unterschiedliche Gruppen aufteilen, die als Krusten-, Blatt- und Strauchflechten bezeichnet werden (Farbabb. 17). Von ihnen sind die Krustenflechten wohl am besten bekannt. Sie bilden dünne, oft leuchtend gefärbte Überzüge auf Baumrinden und Felsen, aber auch auf Skulpturen oder Bauwerken. Die Wasserknappheit und Temperaturunterschiede dieser Lebensräume meistern sie in der Regel problemlos.

Das Lager der Blattflechten setzt sich zumeist aus flachen, blattähnlichen »Loben« (Auswüchsen) zusammen. Bei einigen Arten, z. B. der auch in Deutschland heimischen, wenn auch seltenen Lungenflechte (*Lobaria pulmonaria*) können die Loben einen Durchmesser von bis zu 30 Zentimetern haben.

Die auffälligsten Strukturen bilden allerdings die Strauchflechten, die dem Substrat zumeist mit schmaler Basis aufsitzen und sich dann strauchartig verzweigen. Jeder Modellbahnfreund kennt das Isländische Moos (*Cetraria islandica*), das – in allen Farbschattierungen künstlich eingefärbt – auf Modellbahnanlagen als Strauch oder Busch Verwendung findet. Auf Baumstümpfen findet man häufig die roten oder braunen Köpfchen der Becherflechten (*Cladonia*), und in den Zweigen alter Bäume kann man manchmal lange, herabhängende Bartflechten (*Usnea*) entdecken.

Aber nicht nur der ungewöhnliche Doppelcharakter hat Flechten für den Menschen interessant gemacht, sondern auch die vielfach produzierten Inhaltsstoffe. Da einige dieser Flechtenstoffe, beispielsweise die Usninsäure, eine antibakterielle Wirkung zeigen, werden sie, wenn auch in begrenztem Umfang, in der Medizin oder im Pflanzenschutz eingesetzt.

Die Verwendung von Flechten bei der Behandlung von Kranken ist allerdings nicht neu. So wurde die Lungenflechte, deren Aussehen ein wenig an eine menschliche Lunge mit ihren beiden Flügeln erinnert, im Mittelalter zur Bekämpfung von Lungenleiden eingesetzt; während man die gelb gefärbte *Xanthoria parietina* bei

Gelbsucht anwendete – beides vermutlich mit mäßigem Erfolg. Bei Ansteckung mit Tollwut nahm man eine Mischung aus schwarzem Pfeffer und zermahlenen Flechtenthalli der Hundsflechte (*Peltigera*) ein (Hunde sind häufig Überträger der Tollwut). Auch hier durfte sich eine Genesung aber nur sehr selten eingestellt haben.

Erfolgreicher wurde dagegen die in Skandinavien und Nordamerika heimische Wolfsflechte (*Letharia vulpina*) angewendet, die sich vor Tierfraß durch die Produktion eines starken Giftes, der Vulpinsäure, schützt (Farbabb. 18). Diese Fähigkeit hat sich der Mensch früher zunutze gemacht, indem er die Flechten zum Vergiften von Wölfen benutzte:

> Die Flechte wird zerrissen und pulverisiert. Ist sie dabei trocken, so daß sie stäubt, muß man sich die Nase zustopfen, sonst gibt es Nasenbluten. Das Pulver wird mit Fett und gehacktem Fleisch in einer Pfanne über schwachem Holzkohlenfeuer erwärmt und gerührt, damit es nicht anbrennt. Nachher bringt man dazu frisches Blut und zerriebenen Rentierkäse, so daß es gut riecht. Das Gift wird in Leichen zerrissener Rentiere angebracht, zwischen Haut und Fleisch oder in das Fleisch hineingesteckt. Ein Wolf, der das Gift verschluckt hat, stirbt meistens innerhalb von 24 Stunden, wenn er nicht rechtzeitig frisches Blut frißt (Henssen u. Jahns 1974).

Das Gift der Wolfsflechte ist aber nicht nur nach dem Verzehr des Thallus wirksam. Vielmehr wird es bereits bei Berührung über die Haut aufgenommen, so daß es in Finnland üblich war, die Flechte vor dem Zahnarztbesuch auf der Backe zu zerreiben, um auf diese Weise den Kiefer zu betäuben.

Die wichtigste Rolle für das Leben auf der Erde spielen Flechten sicher dank ihrer bereits erwähnten Fähigkeit, als Lebensgemeinschaft Extremstandorte zu besiedeln, also Biotope, an denen vorher ein Leben kaum möglich war. Denn wenn die Flechten später abgestorben und zerfallen sind, bleibt an diesem bisher unwirtlichen Standort ein wenig fruchtbares Substrat zurück, auf dem sich dann andere Organismen ansiedeln können. Gerade in einer Zeit, in der sich durch menschliche Raffgier immer mehr einst belebte Landstriche in unfruchtbare Wüsten verwandeln, kommt einer solchen Wirkung möglicherweise besondere Bedeutung zu.

Schlußworte

Wenn angesichts solcher Fakten das Geheimnisvolle und Unheimliche, das den Pilzen seit Urzeiten anhaftet, bei den Menschen des ausgehenden 20. Jahrhunderts auch immer weiter in den Hintergrund treten mag, so bleibt unsere Beziehung zu diesen ungewöhnlichen Organismen doch weiterhin zwiespältig. Schließlich gab es nicht nur in der Vergangenheit Hunderttausende von Toten zu beklagen, beispielsweise jene, die durch die von pilzlichen Pflanzenparasiten verursachten Hungersnöte ums Leben kamen, sondern die Pilze fordern auch heute immer noch zahlreiche Opfer. Dabei kommt es dank der ständig verbesserten Abwehrmaßnahmen gegen pflanzenpathogene Pilze zwar inzwischen nicht mehr zu den gewaltigen Mißernten mit ihren grausamen Folgen, aber allein die menschenpathogenen pilzlichen Krankheitserreger fordern auch heute weltweit immer noch unzählige Todesopfer. Ganz zu schweigen von den Alkoholkranken, deren Zahl allein in der Bundesrepublik auf rund 1,5 Millionen geschätzt wird, und von denen viele ihr Leben lassen müssen, weil sie es nicht geschafft haben, mit dem Alkohol – also einem Stoffwechselprodukt bestimmter Pilze – vernünftig umzugehen.

Auf der anderen Seite werden sich aber auch immer mehr Menschen darüber bewußt, wie viele positive Dinge wir den Pilzen verdanken. Und je mehr wir über diese ungewöhnlichen Organismen lernen, um so weiter verschiebt sich das Verhältnis zu ihren Gunsten. Natürlich sind in diesem Zusammenhang die vielen Menschen zu nennen, deren Leben alljährlich durch pilzliche Antibiotika gerettet wird. Doch sind Antibiotika nicht die einzigen pilzlichen Stoffwechselprodukte, die medizinisch verwendet werden, und man darf durchaus damit rechnen, daß sich die Zahl solcher Wirkstoffe weiter erhöht.

Als ein Beispiel kann das Taxol genannt werden, eine Substanz, die seit Anfang der 90er Jahre mit einigem Erfolg als Medikament bei der Behandlung bestimmter Krebserkrankungen der Eierstöcke eingesetzt wird. Gewonnen werden konnte das Taxol bisher nur aus der Rinde der Pazifischen Eibe (*Taxus brevifolia*), die in ihrem Vorkommen unglücklicherweise auf ein relativ begrenztes Gebiet beschränkt ist, nämlich auf den Nordwesten der USA. Da zur Herstellung von 1 Kilogramm Taxol rund 400 Kilogramm Eibenrinde benötigt wird und die Bäume das Entfernen von Teilen ihrer Rinde oft nicht überstehen, mußte die Taxolgewinnung inzwischen stark eingeschränkt werden, weil sonst die Gefahr bestanden hätte, die Bäume aufgrund der großen Nachfrage nach Taxol völlig auszurotten – womit natürlich niemandem gedient wäre. Allerdings wurde damit auch die Hoffnung von Tausenden krebskranker Patientinnen zerstört.

Glücklicherweise ist das aber nicht das Ende dieser Geschichte, denn inzwischen wurde von der Rinde der Pazifischen Eibe ein Pilz isoliert mit dem wissenschaftlichen Namen *Taxomyces andreanae*, der ebenfalls Taxol produzieren kann, wenn auch nur in geringen Mengen. Allerdings sollte sich die Ausbeute in den nächsten Jahren durch gentechnische Verfahren deutlich erhöhen lassen, so daß die Hoffnung besteht, in der Zukunft wieder in größerem Umfang auf das Medikament zugreifen zu können.

Angesichts solcher Fakten beginnt sich die Zahl derer, die meinen, Pilze seien keinen Pfifferling wert, unaufhörlich weiter zu verringern. Und je mehr die Wissenschaft über sie herausfindet, um so deutlicher wird auch die ökologische Rolle, die den Pilzen zukommt. Allein wenn man sich verdeutlicht, daß ohne den Abbau pflanzlicher Biomasse – an dem neben den Bakterien vor allen Dingen Pilze in entscheidendem Maße beteiligt sind – das Leben auf der Erde schnell zum Stillstand kommen würde, wird man sich kaum noch an dem vielleicht etwas schleimigen Aussehen oder dem üblen Geruch einiger Pilzarten stören.

Diese und ähnliche Eigenschaften der Pilze besonders herauszustellen, gehörte zu den vorrangigen Zielen dieses Buches. Und wenn es uns gelingen sollte, den einen oder anderen Leser zu veranlassen – vielleicht dann, wenn er in einem gemütlichen Restaurant schmackhaft zubereitete Pilze oder ein kühles Pils serviert bekommt –, sich noch einmal vor Augen zu führen, wie arm unser Leben ohne die Pilze wäre – sofern es uns überhaupt noch gäbe – dann hat es seinen Zweck sicher erfüllt.

Literatur

Ainsworth, GG (1976) Introduction to the History of Mycology. Cambridge University Press, Cambridge
Alexopoulos CJ (1966) Einführung in die Mykologie. Gustav Fischer, Stuttgart
Becker, ARH (1983) DuMont's Mirakelbuch der Pilze. DuMont, Köln
Birch B (1993) Alexander Fleming. Georg Bitter, Recklinghausen
Bon M (1988) Pareys Buch der Pilze. Paul Parey, Hamburg
Cetto B (1988) Enzyklopädie der Pilze. BLV, München
Clémencon H (1962) Antabus-Wirkung bei Kühen? Schweiz Z Pilzkd 40: 170–172
Dörfelt H (Hrsg) (1989) Lexikon der Mykologie. Gustav Fischer, Stuttgart
Dörfelt H, Görner H (1989) Die Welt der Pilze. Urania, Leipzig
Findlay WPK (1982) Fungi. Folklore, Fiction & Fact. Richmond Publishing, Richmond
Flammer R, Horak E (1983) Giftpilze – Pilzgifte. Franckh'sche Verlagshandlung, Stuttgart
Gerhardt E (1995) BLV Handbuch Pilze. BLV, München
Henssen A, Jahns HM (1974) Lichenes. Georg Thieme, Stuttgart
Hoffmann R (1981) Rock Story. Ullstein, Frankfurt
Hofmann A (1993) LSD – mein Sorgenkind. Deutscher Taschenbuch Verlag, München
John A (1935) Massenvergiftung mit dem Pantherpilz (*Amanita pantherina* DC.) in Plauen im Vogtland. Z Pilzkd 14: 9–11
Kell V (1991) Giftpilze und Pilzgifte. Ziemsen, Wittenberg

Michael E, Hennig B, Kreisel H (1983) Handbuch für Pilzfreunde. Gustav Fischer, Jena

Müller G (1961) Die Hefen. Ziemsen, Wittenberg

Müller E, Loeffler W (1992) Mykologie. Grundriß für Naturwissenschaftler und Mediziner. Thieme, Stuttgart

Phillips R (1990) Der Kosmos-Pilzatlas. Franckh-Kosmos, Stuttgart

Rätsch C (1991) Von den Wurzeln der Kultur. Sphinx, Basel

Roth L, Frank H, Kormann K (1990) Giftpilze, Pilzgifte: Schimmelpilze, Mykotoxine; Vorkommen, Inhaltstoffe, Pilzallergien, Nahrungsmittelvergiftungen. Ecomed, Landsberg

Sandford J (1972) In Search of the Magic Mushroom. Peter Owen, London

Schmidbauer W, von Scheidt J (1988) Handbuch der Rauschdrogen. Nymphenburger, München

Schmidt I (1977) Ein schwerer Vergiftungsfall durch den Grünen Knollenblätterpilz. Mykol Mittbl 21: 74–77

Seeliger HPR, Heymer T (1981) Diagnostik pathogener Pilze des Menschen und seiner Umwelt. Thieme, Stuttgart

Svrcek M (1987) Pilze bestimmen und sammeln. Lingen, Köln

Tacitus PC Germania/Die Annalen. In einer Übersetzung von W. Harendza (1964). Goldmann, München

Vandenberg P (1988) Der Fluch der Pharaonen. Gustav Lübbe, Bergisch Gladbach

Wainright PO, Hinkle G, Sogin ML, Stickel SK (1993) Monophyletic Origins of the Metazoa: An Evolutionary Link with Fungi. Science 260: 340–342

Weber H (1993) Allgemeine Mykologie. Gustav Fischer, Stuttgart

Webster J (1983) Pilze. Eine Einführung. Springer, Berlin Heidelberg New York

Abbildungsnachweis

Abb. 1, 2, 4, 6, 7, 8, 9, 10, 11, 12, 13, 14, 15, 18;
 Farbabb. 2, 3, 6, 8, 9, 10, 11a, b, 12, 14a, b, 16, 17a, c,
 18 E. und H. Kothe
Abb. 3; Farbabb. 13 J. G. H. Wessels
Abb. 5 A. Titze
Abb. 16 Dittrich H. H. (1978) Mikrobiologie des Weines,
 2. Aufl., Verlag Eugen Ulmer, Stuttgart
Abb. 17; Farbabb. 1a, b, 4, 5a, 7, 15, 17b A. Henssen
Abb. 19 P. Franken
Farbabb. 5b R. Fischer

Danksagung

Wir danken Dr. Reinhard Fischer, Dr. Philipp Franken, Frau Prof. Dr. Aino Henssen, Dr. Andreas Titze (alle Marburg) und Prof. Dr. Jos G.H. Wessels (Groningen) für die Überlassung diverser Photos.

Sachverzeichnis

A

Aecidie 107, 126, 127
Aecidiospore 126
Aflatoxin 50
Agaricus 7, 39, 42, 168 171 (s. Champignon)
- *A. bisporus* 168 (s. Kulturchampignon)
- *A. campestris* 39 (s. Wiesenchampignon)
- *A. macrocarpus* 42 (s. Großsporiger Riesenchampignon)
- *A. xanthodermus* 39 (s. Karbol-Egerling)
Aldehyd-Vergiftung 39–41
Alkoholische Gärung 153, 158, 159
Amanita 5, 21–32, 34–36, 43, 66–78, 102, 104 (s. Knollenblätterpilz)
- *A. alba* 32 (s. Weißer Knollenblätterpilz)
- *A. caesarea* 27 (s. Kaiserling)
- *A. muscaria* 5, 25, 36, 66–78, 104 (s. Fliegenpilz)
- *A. pantherina* 25, 34, 36, 102 (s. Pantherpilz)
- *A. phalloides* 5, 21, 25, 32, 34, 43 (s. Grüner Knollenblätterpilz)
- *A. rubescens* 34, 102 (s. Perlpilz)
- *A. verna* 32 (s. Frühlingsknollenblätterpilz)
- *A. virosa* 32 (s. Spitzkegliger Knollenblätterpilz)
Amanitin 22–25, 29–36
Antabusreaktion 41
Antherenbrand (s. *Microbotryum violcaeum*)
Antibiotika 31, 145–152, 165, 194, 198
Arbuskel 185, 186
Arthrobotrys 172 (s. auch Nematodenfänger)
Ascomyceten 12, 13, 100, 131, 156, 158, 169, 190 (s. Schlauchpilze)
Ascus 13, 100
Ashbya 166
- *A. gossypii* 166
Aspergillus 5–54, 133, 161, 164, 166
- *A. awamori* 166
- *A. candidus* 164

- *A. flavus* 50, 52, 164
- *A. niger* 166
- *A. oryzae* 164, 166
- Azetylcholin 37

B

Bartflechte (s. *Usnea*)
Basidie 12, 13, 128, 130
Basidiomyceten 6, 12, 99, 120, 123, 156, 168, 185, 190 (s. Ständerpilze)
Becherflechte (s. *Cladonia*)
Birnengitterrost (s. *Gymnosporangium sabinae*)
Blattflechten 112, 193, 194
Boletus 2, 7, 39, 185, 189
- *B. satanas* 2, 39 (s. Satanspilz)
- *B. edulis* 7, 39, 185, 189 (s. Steinpilz)
Botrytis 160
- *B. cinerea* 160 (s. Grauschimmel)
Brandpilze 120–123 (s. auch *Ustilago*)
Brandsporen 106, 120–122
Braunfäule 178
Bufotenin 76

C

Calocybe 37
- *C. gambossa* 37 (s. Mairitterling)
Candida 134, 135, 166 (s. auch Hefe)
- *C. albicans* 134 (s. Soorpilz)
- *C. utilis* 166
Cantharellus 185, 189 (s. Pfifferling)
Ceratocystis 131, 132 (s. Welkekrankheit)
- *C. fagacearum* 132 (s. Eichenwelke)
- *C. ulmi* 131, 132 (s. Ulmensterben)
Cetraria 194
- *C. islandica* 194 (s. Isländisches Moos)
Champignon (s. *Agaricus*)
Chitin 9, 17, 145
Chytridiomyceten 17 (s. Flagellatenpilze)
Cladonia 194 (s. Becherflechte)
Claviceps 80–83, 105 (s. Mutterkorn)
- *C. purpurea* 82
Clitocybe 25, 37 (s. Trichterling)
Colletotrychum 175
- *C. dematium* 175
Coprin 41
Coprinus 39–41, 177 (s. Tintling)
- *C. atramentarius* 41 (s. Faltentintling)
- *C. comatus* 40 (s. Schopftintling)
Cortinarius 37–39 (s. Schleierling)
- *C. orellanus* 37, 38 (s. Orangefuchsiger Hautkopf)
Cryptococcus 132, 133
- *C. neoformans* 132, 133 (s. auch Kryptokokkose) (s. Europäische Blastomykose)
Cyathus 98 (s. Teuerling)

D

Dermatophyten 135
Desoxyribonukleinsäure (s. DNA)
Deuteromyceten 12, 15, 16, 172 (s. Fungi imperfecti)
DNA 9, 10, 23, 149 (s. Desoxyribonukleinsäure)

E

Echte Pilze 11–14
Echter Hausschwamm (s. *Serpula lacrymans*)
Eichenwelke (s. *Ceratocystis fagacearum*)
Eipilze (s. Oomyceten)
Endothecia 166
– *E. parasitica* 166
Entoloma 39 (s. Rötling)
Epidermophyton 135
– *E. flocossum* 135 (s. auch Fußpilz)
Eremothecium 166
– *E. ashbyi* 166
Ergobasin 84
Ergotamin 81
Ergotoxin 81
Ernährung 8
– autotrophe 8
– heterotrophe 8
Europäische Blastomykose (s. *Cryptococcus neoformans*)

F

Faltentintling (s. *Coprinus atramentarius*)
Fermentation 163
Flagellatenpilze (s. Chytridiomyceten)
Flechten 13, 111–114, 198–196
Fliegenpilz (s. *Amanita muscaria*)
Fortpflanzung (s. Vermehrung)
Fruchtkörper 6, 7, 169, 180
Frühjahrslorchel (s. *Gyromitra esculenta*)
Frühlingsknollenblätterpilz (s. *Amanita verna*)
Fuligo 18
– *F. septica* 18 (s. Gelbe Lohblüte)
Fungi imperfecti (s. Deuteromyceten)
Fungizid 64, 122, 132, 135, 136
Fusarium 49
Fußpilz 135 (s. auch *Epidermophyton flocossum*)

G

Galerina 33 (s. Häubling)
– *G. autumnales* 33
– *G. badipes* 33
– *G. marginata* 33
Gelbe Lohblüte (s. *Fuligo septica*)
Gemeine Stinkmorchel (s. *Phallus impudicus*)
Geopyxis 100
– *G. carbonaria* 100 (s. Kohlenbecherling)
Gerstenflugbrand (s. *Ustilago nuda*)
Getreiderost (s. *Puccinia graminis*)
Giftlorchel (s. *Gyromitra esculenta*)

Grauschimmel (s. *Botrytis cinerea*)
Großsporiger Riesenchampignon (s. *Agaricus macrocarpus*)
Grüner Knollenblätterpilz (s. *Amanita phalloides*)
Gymnosporangium 107 (s. auch Rostpilz)
– *G. sabinae* 107 (s. Birnengitterrost)
Gyromitra 43–45
– *G. esculenta* 43–45 (s. Frühjahrslorchel) (s. Speiselorchel) (s. Giftlorchel)
Gyromitrin 43, 44

H
Haferflugbrand (s. *Ustilago avenae*)
Halluzinogene 61–66, 75–78, 91–94
Häubling (s. *Galerina*)
Hefe 13, 134, 135, 154–167 (s. auch *Saccharomyces*) (s. auch *Candida*)
Hemileia 130 (s. auch Rostpilz)
– *H. vastatrix* 130 (s. Kaffeerost)
Heterobasidion 175
– *H. annosum* 175
Hexenring 1
Hormoconis 183
– *H. resinae* 183 (s. Kerosinpilz)
Hundsflechte (s. *Peltigera*)
Hygrocybe 39 (s. Saftling)

Hyphe 6–8, 14, 17, 54, 81, 110, 120, 180, 185, 191
Hyphochytridomyceten 17

I
Ibotensäure 34
Inocybe 25, 36, 37 (s. Rißpilz)
– *I. patouillardi* 36, 37 (s. Ziegelroter Rißpilz)
Isidie 193
Isländisches Moos (s. *Cetraria islandica*)

J
Jochpilze (s. Zygomyceten)

K
Kaffeerost (s. *Hemileia vastatrix*)
Kahler Krempling (s. *Paxillus involutus*)
Kahlkopf (s. *Psilocybe*)
Kaiserling (s. *Amanita caesarea*)
Karbol-Egerling (s. *Agaricus xanthodermus*)
Kartoffelfäule (s. *Phytophtera infestans*)
Kartoffelkrebs (s. *Synchytrium endobioticum*)
Kerosinpilz (s. *Hormoconis resinae*)
Kluyveromyces 166
– *K. maxianus* 166
Knollenblätterpilz (s. *Amanita*)
Kohlenbecherling (s. *Geopyxis carbonaria*)

Konidie 15, 16, 46, 53, 81, 131, 174
Köpfchenschimmel (s. *Mucor*)
Kreuzungstypen (s. Paarungstypen)
Krustenflechten 112, 193
Kryptokokkose (s. *Cryptococcus neoformans*)
Kuehneromyces 33
- *K. mutabilis* 33 (s. Stockschwämmchen)
Kulturchampignon (s. *Agaricus bisporus*)

L

Labyrinthulomycota 18 (s. auch Myxomyceten)
Lactarius 39 (s. Milchling)
Latenzzeit 24, 30, 32, 37, 38
Lentinus 108, 168
- *L. edodes* 108, 168 (s. Shiitake-Pilz)
Lepiota 32 (s. Schirmling)
- *L. brunneoincarnata* 32
- *L. castanea* 32
- *L. helveola* 32
- *L. josserandii* 32
- *L. lilacea* 32
- *L. subincarnata* 32
Letharia 114, 195
- *L. vulpina* 114, 195 (s. Wolfsflechte)
Lobaria 194
- *L. pulmonaria* 194 (s. Lungenflechte)
LSD 66, 80, 84–96
Lungenflechte (s. *Lobaria pulmonaria*)
Lysergsäurediäthylamid (s. LSD)

M

Macrolepiota 33
- *M. procera* 33 (s. Parasol, (s. Riesenschirmling)
Mairitterling (s. *Calocybe gambossa*)
Maisbeulenbrand (s. *Ustilago maydis*)
Malvenrost (s. *Puccinia malvacearum*)
Maronenröhrling (s. *Xeromus badius*)
Meiose 13
Meripilus 163
- *M. gigantaeus* 163 (s. Riesenporling)
Metarhizium 174
Microbotryum 106
- *M. violaceum* 106 (s. Antherenbrand)
Milchling (s. *Lactarius*)
Monascus 164
- *M. purpureus* 164
Mucor 14, 166 (s. Köpfchenschimmel)
- *M. miehei* 166
Muscarin 36, 37, 77
Muscazon 34
Muscimol 34, 77
Mutterkorn (s. *Claviceps*)
Mykobiont 190, 193
Mykorrhiza 184–191
- Ektomykorrhiza 185, 186
- Endomykorrhiza 186
Mykose 54, 132, 133
Mykotoxine 47–50, 53

Myxomyceten 11, 17, 18, 101 (s. Schleimpilze) (s. auch Labyrintulomycota) (s. auch Myxomycota) (s. auch Plasmodiophoromycota)
Myxomycota 18 (s. auch Myxomyceten)
Myzel 6, 42, 46, 81, 120, 131, 171, 180, 183, 185

N

Nematodenfänger 171–174 (s. auch *Arthrobotrys*)
Neurospora 164
– *N. sitophila* 164
Niedere Pilze 11, 12, 16–18

O

Ochratoxin 53
Oomyceten 11, 17 (s. Eipilze)
Orangefuchsiger Hautkopf (s. *Cortinarius orellanus*)
Orellanine 37, 38

P

Paarungstypen 15 (s. Kreuzungstypen)
Pantherpilz (s. *Amanita pantherina*)
Parasiten 17, 120, 133
Parasol (s. *Macrolepiota procera*)
Paxillus 45
– *P. involutus* 45 (s. Kahler Krempling)
Peltigera 195 (s. Hundsflechte)
Penicillium 143, 165, 166
– *P. camemberti* 165
– *P. chrysogenum* 166
– *P. roqueforti* 165
Penizillin 30, 142–151
Périgon-Trüffel (s. *Tuber melanosporum*)
Periphyse 126
Perlpilz (s. *Amanita rubescens*)
Pfifferling (s. *Cantharellus*)
Phalloidin 22
Phallus 97
– *P. impudicus* 97 (s. Gemeine Stinkmorchel)
Photobiont 110, 190–193
Phototoxine 54
Phycomyces 14
– *P. blakesleeanus* 14
Phytoparasiten 120–123, 129, 132, 197
Phytophthora 17, 116, 118–120
– *P. infestans* 17, 116, 118–120 (s. Kartoffelfäule)
Pilzähnliche Protisten 12, 16–18
Pilzkultur 4, 64, 168–171, 186–188, 193
Pilzstein 58
Pilzvergiftung 20–45, 82
Plasmodiophoromycota 18 (s. auch Myxomyceten)
Plasmodium 101
Proteinbiosynthese 23, 149
Psilocin 66, 95
Psilocybe 57–65 (s. Kahlkopf)
– *P. mexicana* 61, 65
– *P. semilanceata* 57, 64 (s. Spitzkegeliger Kahlkopf)
Psilocybin 66, 91, 95

Puccinia 124–129 (s. auch Rostpilz)
- *P. graminis* 124–129 (s. Schwarzrost) (s. Getreiderost)
- *P. malvacearum* 129 (s. Malvenrost)
- *P. poarum* 127

R
Radionuklide 42
Resistenz 152
Rhizopus 47, 164, 166
- *R. microsorus* 164
- *R. oryzae* 166
- *R. pusillus* 166
- *R. stolonifer* 47
Ribonukleinsäure (s. RNA)
Riesenporling (s. *Meripilus giganteus*)
Riesenschirmling (s. *Macrolepiota procera*)
Rißpilz (s. *Inocybe*)
Ritterling (s. *Tricholoma*)
RNA 10, 23, 149 (s. Ribonukleinsäure)
RNA-Polymerase 23
Rostpilz 107, 123–130 (s. auch *Gymnosporangium*) (s. auch *Hemileia*) (s. auch *Puccinia*)
Rötling (s. *Entoloma*)
Russula 39 (s. Täubling)

S
Saccharomyces 16, 34, 139–151, 157–160, 163, 166 (s. auch Hefe)
- *S. cerevisiae* 16, 34, 139–151, 157–160, 163, 166

Saftling (s. *Hygrocybe*)
Satanspilz (s. *Boletus satanas*)
Schimmelpilz 16, 46–55, 103, 133, 142, 143, 163–165, 182
Schirmling (s. *Lepiota*)
Schizophyllum 15
- *S. commune* 15
Schlauchpilze (s. Ascomyceten)
Schleierling (s. *Cortinarius*)
Schleimpilze (s. Myxomyceten)
Schopftintling (s. *Coprinus comatus*)
Schwarzrost (s. *Puccinia graminis*)
Schwermetalle 41
Sclerotina 54, 175
- *S. sclerotiorum* 54, 175
Serotonin 95
Serpula 179–182
- *S. himantoides* 182 (s. Wilder Hausschwamm)
- *S. lacrymans* 179, 182 (s. Echter Hausschwamm)
- *S. minor* 182
- *S. pinastri* 182
Shiitake-Pilz (s. *Lentinus edodes*)
Silibinin 31
Sklerotium 81–84, 104
Sommerspore (s. Uredospore)
Soorpilz (s. *Candida albicans*)
Speiselorchel (s. *Gyromitra esculenta*)
Spermatium 126

Spermatogonium 126, 127
Spitzkegeliger Kahlkopf
 (s. *Psilocybe semilanceata*)
Spitzkegeliger Knollenblät-
 terpilz (s. *Amanita virosa*)
Sporangium 101, 118
Spore 3–8, 13–17, 45, 52,
 98, 101, 120–130, 158,
 170, 173, 179, 183, 193
Sprossung 156
Ständerpilze (s. Basidio-
 myceten)
Steinpilz (s. *Boletus edulis*)
Stinkbrand (s. *Tilletia caries*)
Stinkmorchel (s. *Phallus im-
 pudicus*)
Stockschwämmchen (s.
 Kuehneromyces mutabilis)
Strauchflechten 112, 193,
 194
Stropharia 61, 64
 (s. Träuschling)
Symbiose 184–196
Synchytrium 17
– *S. endobioticum* 17 (s. Kar-
 toffelkrebs)

T

Täubling (s. *Russula*)
Taxol 198
Taxomyces 198
– *T. andreanae* 198
Teleutospore 128, 129
 (s. Winterspore)
Teuerling (s. *Cyathus*)
Thallus 190–195 (s. Lager)
Thioctsäure 31
Tilletia 123 (s. auch Brand-
 pilze)

– *T. caries* 123 (s. Stink-
 brand)
– *T. controversa* 123
 (s. Zwergsteinbrand)
Tintling (s. *Coprinus*)
Transpeptidase 145, 146
Träuschling (s. *Stropharia*)
Trehalose 39
Trichoderma 49, 166
Tricholoma 39, 185 (s. Rit-
 terling)
Trichophyton 135 (s. auch
 Fußpilz)
– *T. mentagrophytes* 135
– *T. rubrum* 135
Trichterling (s. *Clitocybe*)
Trüffel (s. *Tuber*)
Tuber 169–171, 189
 (s. Trüffel)
– *T. melanosporum* 170
 (s. Périgon-Trüffel)
Turkey-X-Disease 49

U

Ulmensterben (s. *Ceratocystis ulmi*)
Uredospore 107, 127–130
 (s. Sommerspore)
Usnea 194 (s. Bartflechte)
Usninsäure 194
Ustilago 120–123 (s. auch
 Brandpilze)
– *Ustilago avenae* 122
 (s. Haferflugbrand)
– *Ustilago maydis* 122, 123
 (s. Maisbeulenbrand)
– *Ustilago nuda* 123 (s. Ger-
 stenflugbrand) (s. Weizen-
 flugbrand)

V

Vermehrung 3, 12, 14, 15, 156, 157 (s. auch Fortpflanzung)
– asexuelle 156, 157
– sexuelle 12, 14
Verticillium 175
– *V. fungiola* 175
Vulpinsäure 195

W

Weißer Knollenblätterpilz (s. *Amanita alba*)
Weißfäule 178
Weizenflugbrand (s. *Ustilago nuda*)
Weizensteinbrand (s. *Tilletia caries*)
Welkekrankheit (s. *Ceratocystis*)
Wiesenchampignon (s. *Agaricus campestris*)
Wilder Hausschwamm (s. *Serpula himantoides*)
Winterspore (s. Teleutospore)
Wolfsflechte (s. *Letharia vulpina*)

X

Xanthoria 194
– *X. parietina* 194
Xerocomus 7, 99
– *X. badius* 7, 99 (s. Maronenröhrling)

Y

Yarrowia 166
– *Y. lipolytica* 166

Z

Zellulose 9, 17
Ziegelroter Rißpilz (s. *Inocybe patouillardi*)
Zwergsteinbrand (s. *Tilletia controversa*)
Zygomyceten 12, 14, 47, 190 (s. Jochpilze)
Zygospore 14

Rätsel der Kochkunst
Naturwissenschaftlich erklärt
VI, 242 S. 100 Abb. **DM 39,80**;
öS 290,60; sFr 35,50
ISBN 3-540-61113-4

Warum fällt das Soufflé zusammen, wenn man den Backofen zu früh öffnet? Für neugierige Feinschmecker und wißbegierige Kochkünstler enträtselt Hervé This, was hinter bewährten Küchenregeln steckt. Wer die physikalischen Prozesse und chemischen Reaktionen in seinen Töpfen versteht, kann mit den Tips und Tricks aus Kochbüchern seiner kulinarischen Kreativität noch freieren Lauf lassen.

Spürnasen und Feinschmecker
Die chemischen Sinne des Menschen
X, 205 S. 32 Abb., 14 in Farbe. **DM 29,80**; öS 217,60; sFr 27,-
ISBN 3-540-59092-7

Wein
Verstehen und genießen
XII, 237 S.
27 Abb., 8 in Farbe.
DM 29,80;
öS 232,50; sFr 27,-
ISBN 3-540-57087-X

 Springer

Einstein
Ein Genie und sein überfordertes Publikum
Etwa 240 S. 44 Abb. Brosch. **DM 36,-**;
öS 262,80; sFr 32,50
ISBN 3-540-61112-6

Viren
Krankheitserreger und Trojanisches Pferd
Etwa 290 S. 47 Abb., 16 in Farbe,
5 Tab. Brosch. **DM 36,-**;
öS 262,80; sFr 32,50
ISBN 3-540-60526-6

Spuren der Eiszeit
Landschaftsformen in Europa
VIII, 177 S. 58 Abb., 9 in Farbe, 7 Tab.
Brosch. **DM 29,80**; öS 217,60; sFr 27,-
ISBN 3-540-61110-X

Klimaänderungen
Daten, Analysen, Prognosen
XIII, 224 S. 62 Abb., 7 in Farbe. Brosch.
DM 29,80; öS 217,60; sFr 27,-
ISBN 3-540-59096-X

Pilzgeschichten
Wissenswertes aus der Mykologie
VIII, 210 S. 37 Abb., 18 in Farbe,
2 Tab. Brosch. **DM 29,80**;
öS 217,60; sFr 27,-
ISBN 3-540-61107-X

Naturgeschichte des Lebens
Eine paläontologische Spurensuche
3. Aufl. VII, 241 S., 76 Abb., 7 in Farbe Brosch.
DM 34,80; öS 254,10; sFr 31,- ISBN 3-540-60305-0

 Springer

GPSR Compliance
The European Union's (EU) General Product Safety Regulation (GPSR) is a set of rules that requires consumer products to be safe and our obligations to ensure this.

If you have any concerns about our products, you can contact us on

ProductSafety@springernature.com

In case Publisher is established outside the EU, the EU authorized representative is:

Springer Nature Customer Service Center GmbH
Europaplatz 3
69115 Heidelberg, Germany

www.ingramcontent.com/pod-product-compliance
Lightning Source LLC
LaVergne TN
LVHW010340260326
834688LV00036B/807